Klasse 5-7

Hans-J. Schmidt

Stationenlernen Geheimschriften

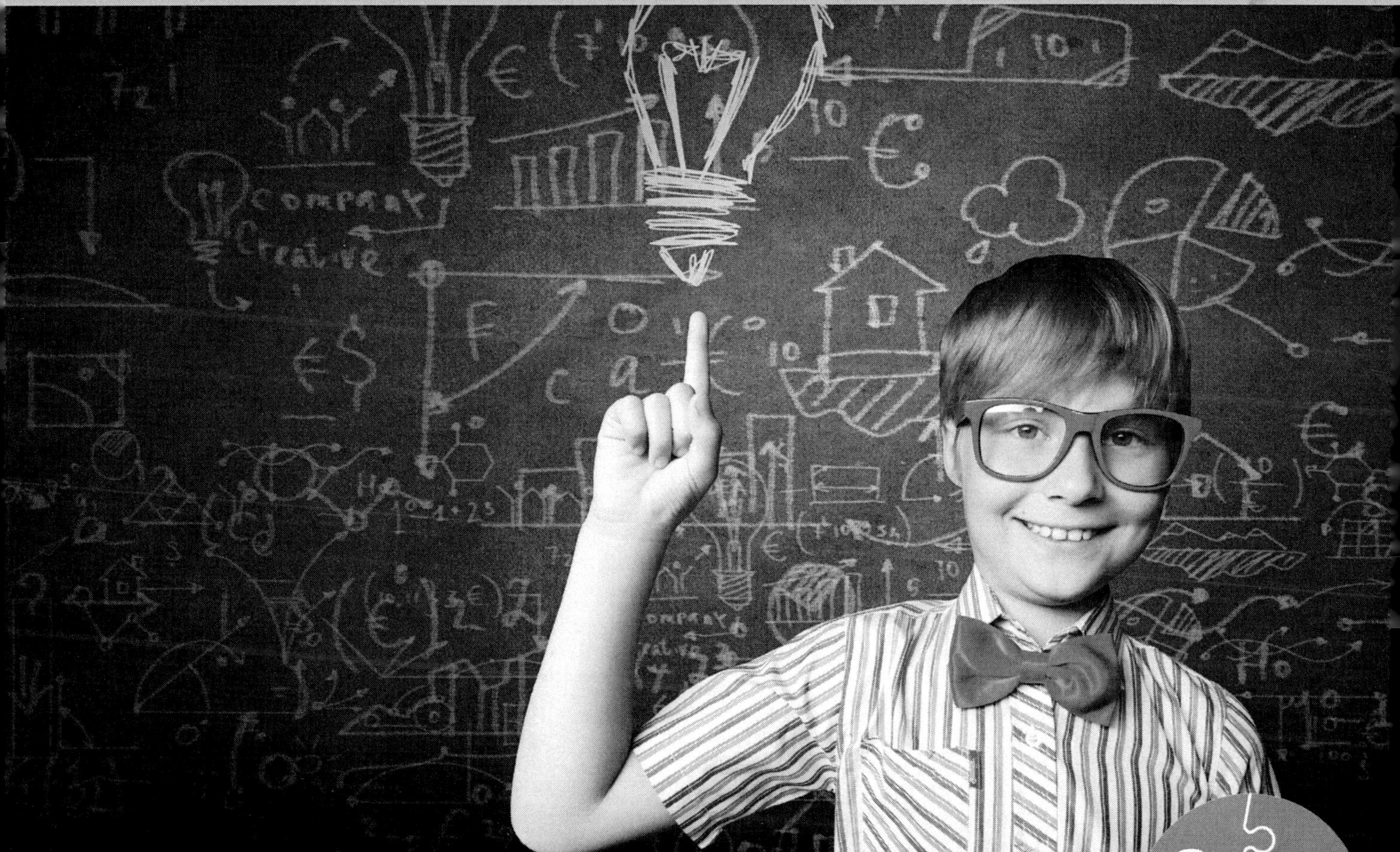

Verschlüsseln & knacken wie der Geheimdienst

G M 3 E

Lernen mit Erfolg
KOHL VERLAG

Stationenlernen Geheimschriften

Top Secret!

10. Auflage 2026

<u>Inhalt</u>: Hans-J. Schmidt
<u>Umschlagbild</u>: Sergey Nivens - fotolia.com
<u>Redaktion</u>: Kohl-Verlag
<u>Grafik & Satz</u>: Kohl-Verlag
<u>Druck</u>: Druckerei Flock, Köln

Bestell-Nr. 11 752

ISBN: 978-3-95686-741-5

<u>Kontakt</u>: Kohl-Verlag, An der Brennerei 37-45, 50170 Kerpen
Tel: +49 2275 331610, Mail: info@kohlverlag.de

Der vorliegende Band ist eine Print-<u>Einzellizenz</u>

Sie wollen unsere Kopiervorlagen auch digital nutzen? Kein Problem – fast das gesamte KOHL-Sortiment ist auch sofort als PDF-Download erhältlich! Wir haben verschiedene Lizenzmodelle zur Auswahl:

	Print-Version	PDF-Einzellizenz	PDF-Schullizenz	Kombipaket Print & PDF-Einzellizenz	Kombipaket Print & PDF-Schullizenz
Unbefristete Nutzung der Materialien	x	x	x	x	x
Vervielfältigung, Weitergabe und Einsatz der Materialien im eigenen Unterricht	x	x	x	x	x
Nutzung der Materialien durch alle Lehrkräfte des Kollegiums an der lizensierten Schule			x		x
Einstellen des Materials im Intranet oder Schulserver der Institution			x		x

Die erweiterten Lizenzmodelle zu diesem Titel sind jederzeit im Online-Shop unter www.kohlverlag.de erhältlich.

INHALT

KOHL VERLAG Lernen mit Erfolg

INHALT

ANLEITUNG

Sehr geehrte Kollegen und Kolleginnen,

dieses Werk zum Stationenlernen: Geheimschriften TOP SECRET soll Ihnen Ihre alltägliche Arbeit erleichtern. Dabei war es uns besonders wichtig, Stationen zu kreieren, die möglichst schüler- und handlungsorientiert sind und mehrere Lerneingangskanäle ansprechen. Denn nur so kann Wissen langfristig gesichert und auch wieder abgerufen werden. Die Reihenfolge der Stationen ist festgelegt. Dennoch können die Schüler in ihrem individuellen Arbeits- und Lerntempo vorgehen. Die Materialien eignen sich dank der auf allen Stationen gegebenen Hilfestellungen auch hervorragend für das selbstständige Lernen oder die Selbstlernzeit.

Stationen:

Die Stationen sind von 1-32 nummeriert und müssen nicht notwendigerweise nacheinander bearbeitet werden.
Das Puzzle der Station 1 „Rund um Geheimschriften" dient als Einstieg in das Thema und sollte von allen zuerst bearbeitet werden.
Bei den Stationen 2-16 können Schülerinnen und Schüler selbst entscheiden, welche Station sie bearbeiten.
Den Stationen 18 und 27 kommt besondere Bedeutung zu, weil hier Verschlüsselungshilfen (Drehscheibe für die Cäsar Verschlüsselung bzw. Vigenère-Schieber) gebastelt werden.
Weil Kryptographie zur Zeit ein hochaktuelles Thema ist – man denke an die NSA und an diverse Hackerangriffe auf Datenbanken – und man bei der Verschlüsselung bzw. Entschlüsselung von Daten mit Methoden aus der Mathematik arbeitet, hat die Behandlung dieses Themas im Mathematikunterricht durchaus seine Berechtigung.
Schülerinnen und Schüler der Klassen 5 und 6 können auf spielerische Weise an die Grundprinzipien der Kryptographie herangeführt werden. Das geschieht vor allem durch Stationen wie "Verschlüsseln mit der Gartenzaunmethode", "Die Geheimschrift des Polybius" oder "Verschlüsseln mit Chiffrierschablonen". Kinder haben aber auch ihre eigenen Geheimschriften bzw. Geheimsprachen, die sie im Unterricht vorstellen können.
Anspruchsvoller sind die Stationen 17-32. Zunächst einmal werden die Schüler und Schülerinnen mit monoalphabetischen Geheimschriften wie dem einfachen Cäsar und dem Cäsar mit Schlüsselwort vertraut gemacht. Sie verschlüsseln und entschlüsseln mit der gebastelten Drehscheibe der Station 18 diverse Nachrichten. Will man einen einfachen Cäsar knacken, dann reicht es, wenn man alle 25 Schlüssel durchprobiert. Hier ist dann der Zeitpunkt gekommen für eine Häufigkeitsanalyse. Da in der deutschen Sprache der Buchstabe e mit Abstand am häufigsten vertreten ist, sucht man im Geheimtext nach dem häufigsten Buchstaben und hat damit den Schlüssel vermutlich etwas schneller gefunden als durch Ausprobieren.

ANLEITUNG

Etwas aufwändiger gestaltet sich die Kryptoanalyse eines Cäsars mit Schlüsselwort. Daher wurde in der Station 23 ausführlich dargestellt, wie man einen solchen Geheimtext entschlüsselt. Diese Station dient lediglich der Information und soll zeigen, dass man sehr viel Geduld, Fingerspitzen- und Sprachgefühl benötigt, um eine geheime Nachricht zu knacken.
In Station 25 soll ein deutscher, in Station 26 ein englischer Geheimtext entschlüsselt werden.
Die Stationen 26-32 befassen sich mit der Vigenère-Verschlüsselung und der Methode zum Dechriffrieren solcher polyalphabetischer Mitteilungen. Auch diese Methode zum Dechiffrieren kann von Schülern und Schülerinnen einer 6. Klasse angewandt werden. Für die Kasiski-Methode zur Ermittlung der Länge des Schlüsselwortes muss lediglich der Geheimtext auf gleiche Buchstabenfolgen untersucht werden, der Abstand zwischen zwei Folgen ermittelt werden und der größte gemeinsame Teiler dieser Abstände bestimmt werden. Bezeichnungen wie „absolute Häufigkeit" und „Rangfolge" sind in der Klassenstufe 5/6 ebenfalls bekannt.

Niveaustufen:

Innerhalb der Bereiche gibt es drei unterschiedliche Niveaustufen, die mit ● (leicht), **!** (mittel) oder ★ (schwer) markiert sind. Die mit einem Stern gekennzeichneten Stationen sind für Experten, die mit ● gekennzeichneten Stationen sollen von allen Schülern bearbeitet werden. Die Expertenaufgaben enthalten vertiefende oder weiterführende Inhalte. Selbstverständlich können Sie je nach Leistungsstand Ihrer Klasse problemlos Stationen anders kennzeichnen, indem Sie **●, !** oder ★ übermalen und anders kennzeichnen.

Lösungen:

Wer die Aufgaben der Schüler korrigiert, hängt zum einen von der Lerngruppe und zum anderen von den Vorlieben des unterrichtenden Lehrers ab. So können Sie die Verbesserung der Schüleraufgaben selbst übernehmen, oder diese Aufgabe in die Verantwortung der Kinder übergeben. In diesem Fall haben Sie die Möglichkeit, die Karten einfach auszuschneiden und zu laminieren. Es befindet sich dann direkt auf der Rückseite der Aufgabe die passende Lösung zur einfachen Selbstkontrolle (Ausnahmen: Stationen 17, 18, 23, 26, 27, 29, 30). Alternativ können Sie die Seiten jedoch auch kopieren und die Lösungen, für die Schüler erkenntlich markiert, an einem passenden Ort positionieren.

Stationen-Laufzettel:

Der Stationen-Laufzettel ist so konzipiert, dass die Lehrkraft oder die Schüler die Stationsnummer (alternativ den Bereich) sowie den Stationsnamen eintragen. Die Kinder haken dann ab, wenn sie eine Station erledigt haben. Ein weiterer Haken wird gesetzt, wenn die Station korrigiert wurde. Dies geschieht entweder durch den Lehrer oder die Schüler selbst.

ANLEITUNG

<u>Symbole:</u>

Heft 

Stift/Bleistift/
Buntstift 

Kleber 

Blatt Papier 

Schere/
Cuttermesser 

Niveaustufe: leicht 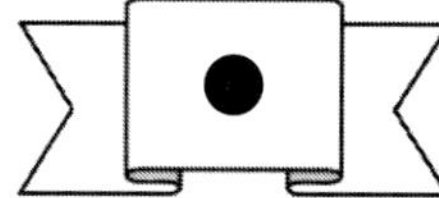

Niveaustufe: mittel 

Niveaustufe: schwer 

Einzelaufgabe 

Partneraufgabe 

Nach dieser kurzen Einführung wünschen Ihnen viel Spaß beim Einsatz der Materialien

Ihr Kohl-Verlag und *Hans J. Schmidt*

<u>Weiterführende Literatur:</u>

Simon Singh, Geheime Botschaften, München 2001

Simon Singh, Codes, München, 2004

Albrecht Beutelspacher, Geheimsprachen: Geschichte und Techniken, München, 2013

Rudolf Kippenhahn, Verschlüsselte Botschaften, Reinbek bei Hamburg, 1999

ANLEITUNG

Name: ______________________ Datum: ______________________

Niveaustufe: leicht ●

Station	Stationsname	erledigt ✓	korrigiert ✓

Niveaustufe: mittel !

Station	Stationsname	erledigt ✓	korrigiert ✓

Niveaustufe: schwer ★

Station	Stationsname	erledigt ✓	korrigiert ✓

Station 1

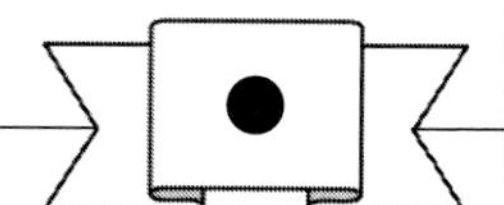

Rund um Geheimschriften - ein Puzzle

Schneidet die einzelnen Puzzleteile aus, setzt sie zusammen und klebt sie ins Heft. Es ergeben sich Begriffe, die ihr euch merken solltet.

Menschen, denen daran gelegen ist, geheime Nachrichten anderer ebenfalls - aus welchen Gründen auch immer - können, nennt … oder **Codeknacker**.

Die Wissenschaft von der … einer Mitteilung nennt man … **Kryptologie** ist die Wiss… Verschlüsselung in all … ***kryptos*** (griech. gehei… ***graphein*** (griech. sch… ***logos*** (griech. d… der Sin…

Die Vorschrift „Ersetze der … der an einer bestimm… Alphabet steht, durch den … Anzahl von Buchstaben … nennt man auch … Lässt man … 26 • 25 • 24 • …

…er haben Menschen versucht, …n eine zweite Person geheim … kann auf unterschiedliche …n. Man verwendet z. B. … oder versteckt eine … harmlosen Nachricht. … geht es darum, wie … werden kann.

…Verschlüsselungs-…verfahren, bei dem …der Buchstabe durch einen anderen Buchstaben oder ein Zeichen ersetzt …ird, nennt man …tionsverfahren. …halten die …en ihre …en bei.

lesen zu… man **Codebreche**…

Ein … ve… jed…

…wi… **Substitu**… Dabei be… Buchstabe… jeweilige Positio…

…44 v. Chr.), der euch bekannt sein …atsmann, Feldherr und Schriftsteller, … Verschlüsselung mittels Substitution. … jeden Buchstaben seiner Nachricht …, der im Alphabet drei Stellen weiter folgte.

…selbst aber unverändert bleibt, ne…

Schon imm… Mitteilungen a… zu halten. Das … Weise erfolge… unsichtbare Tint… Botschaft in einer h… In der **Steganographie** … eine Mitteilung versteck…

Die Mitteilung, die zu verschlüssel… nennt man **Klartext**. Er wird mit **kle**… geschrieben. Er … Text schreibt m… …**en** Text schreiben. …**chstaben**.

…**ender**), … Nachricht … **verschlüsselt** (**chiffriert**) und … der Empfänger, der sie … wieder **entschlüsselt** (**dechiffriert**).

Die Z… verschob, … Cäsar … Möglich s… Cäsar …

…beliebige Umstellungen des Alphabets zu, dann … • 3 • 2 • 1 = 4,032914611 • 10^{26} unterschiedliche G…

…Buchstaben, …nten Stelle im … der eine bestimmte … später kommt" … **Algorithmus**.

Buchstabe… Den verschlüsselte… **großen Bu**…

Zu einer geheimen Mitteilung gehören mindestens zwei Personen: der Verschicker (**Se**… der seine …

Verschlüsselung …n **Kryptographie**. …enschaft von der … ihren Formen. …im), …hreiben), …as Wort, …nn).

…n ist, …**einen** …an mit

…en, bei dem jeder Buchstabe innerhalb der geheimen … …nnt man **Transposition**.

Ein Verschlüsselungsverfah… Mitteilung den Platz wechselt, …

…ahl, um die man die Buchstaben … nennt man auch den **Schlüssel**. … benutzte den Schlüssel 3. …nd bei der Methode des …aber 25 Schlüssel.

… ergeben sich … Geheimschriften.

Gajus Julius Cäsar (100 - … dürfte als römischer Sta… benutzte als Erster die … Er ersetzte einfach … durch den Buchstaben …

VENI, VIDI, VICI

Stationenlernen Geheimschriften / TOP SECRET! – Best.-Nr. 11 752
KOHL VERLAG

Station 1

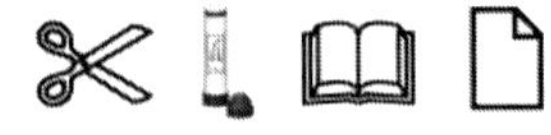
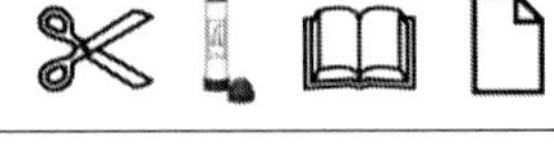

Rund um Geheimschriften - ein Puzzle

Schneidet die einzelnen Puzzleteile aus, setzt sie zusammen und klebt sie ins Heft. Es ergeben sich Begriffe, die ihr euch merken solltet.

Schon immer haben Menschen versucht, Mitteilungen an eine zweite Person geheim zu halten. Das kann auf unterschiedliche Weise erfolgen. Man verwendet z. B. unsichtbare Tinte oder versteckt eine Botschaft in einer harmlosen Nachricht. In der **Steganographie** geht es darum, wie eine Mitteilung versteckt werden kann.

Die Wissenschaft von der Verschlüsselung einer Mitteilung nennt man **Kryptographie**. **Kryptologie** ist die Wissenschaft von der Verschlüsselung in all ihren Formen. ***kryptos*** (griech. geheim), ***graphein*** (griech. schreiben), ***logos*** (griech. das Wort, der Sinn).

Die Mitteilung, die zu verschlüsseln ist, nennt man **Klartext**. Er wird mit **kleinen Buchstaben** geschrieben. Den verschlüsselten Text schreibt man mit **großen Buchstaben**.

Menschen, denen daran gelegen ist, geheime Nachrichten anderer ebenfalls - aus welchen Gründen auch immer - lesen zu können, nennt man **Codebrecher** oder **Codeknacker**.

Zu einer geheimen Mitteilung gehören mindestens zwei Personen: der Verschicker (**Sender**), der seine Nachricht **verschlüsselt** (**chiffriert**) und der Empfänger, der sie wieder **entschlüsselt** (**dechiffriert**) .

Ein Verschlüsselungsverfahren, bei dem jeder Buchstabe durch einen anderen Buchstaben oder ein Zeichen ersetzt wird, nennt man **Substitutionsverfahren**. Dabei behalten die Buchstaben ihre jeweilige Position bei.

Ein Verschlüsselungsverfahren, bei dem jeder Buchstabe innerhalb der geheimen Mitteilung den Platz wechselt, selbst aber unverändert bleibt, nennt man **Transposition**.

Gajus Julius Cäsar (100 - 44 v. Chr.), der euch bekannt sein dürfte als römischer Staatsmann, Feldherr und Schriftsteller, benutzte als Erster die Verschlüsselung mittels Substitution. Er ersetzte einfach jeden Buchstaben seiner Nachricht durch den Buchstaben, der im Alphabet drei Stellen weiter folgte

Die Vorschrift „Ersetze den Buchstaben, der an einer bestimmten Stelle im Alphabet steht, durch den, der eine bestimmte Anzahl von Buchstaben später kommt" nennt man auch **Algorithmus**.

Die Zahl, um die man die Buchstaben verschob, nennt man auch den **Schlüssel**. Cäsar benutzte den Schlüssel 3. Möglich sind bei der Methode des Cäsar aber 25 Schlüssel.

Lässt man beliebige Umstellungen des Alphabets zu, dann ergeben sich $26 \cdot 25 \cdot 24 \cdot ... \cdot 3 \cdot 2 \cdot 1 = 4{,}032914611 \cdot 10^{26}$ unterschiedliche Geheimschriften.

Station 2

Das Winkeralphabet

Seeleute verständigten sich von Schiff zu Schiff vor der Erfindung des Radios mit Hilfe des Winkeralphabets. Ein Matrose, der für die Nachrichtenübermittlung zuständig war, hatte zwei Flaggen, die er in ganz bestimmten Positionen halten musste. Jede Position bedeutete dabei einen bestimmten Buchstaben.

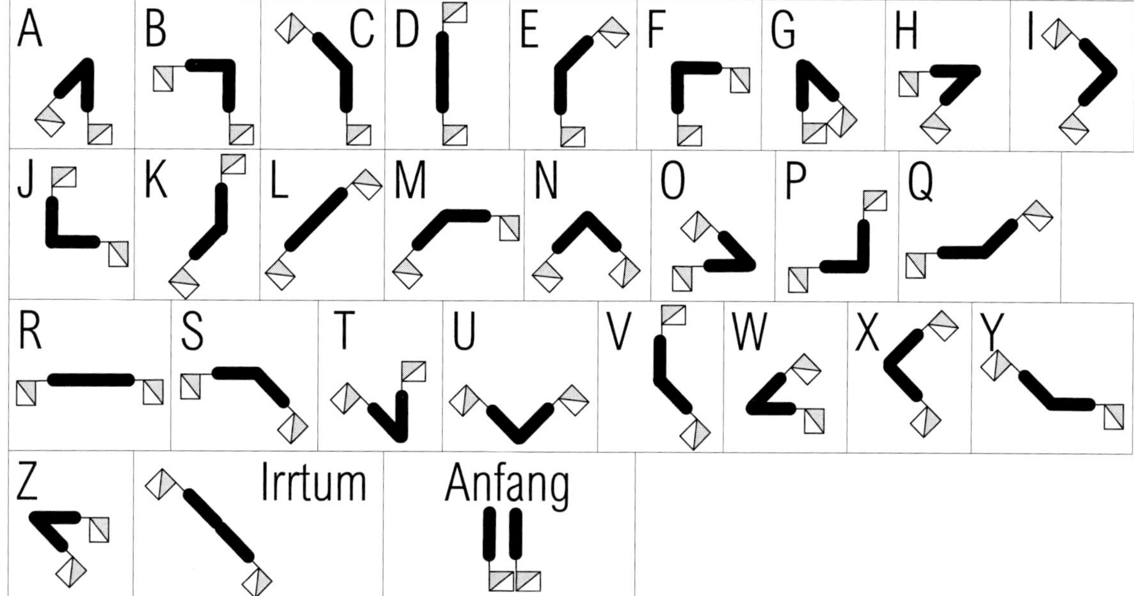

Aufgabe 1

Entschlüssele.

a)

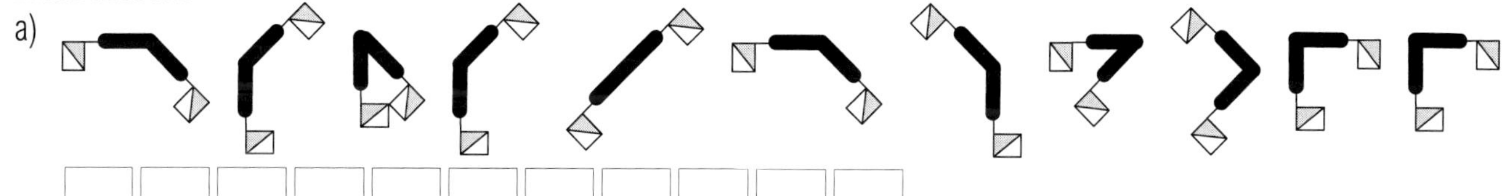

b)

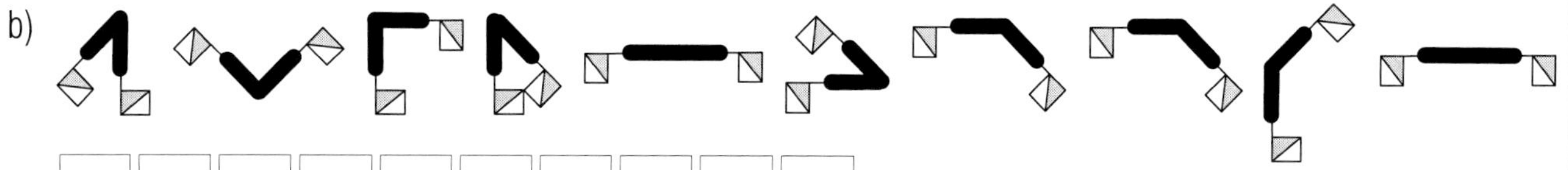

c)

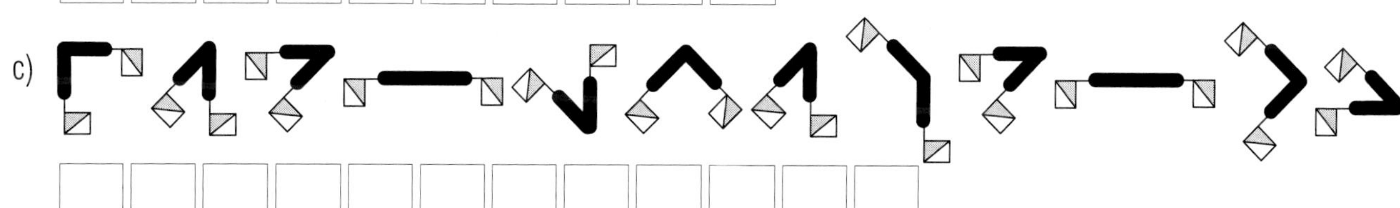

Aufgabe 2

Verschlüssele.

schiffahoi

Stationenlernen Geheimschriften / TOP SECRET! – Best.-Nr. 11 752 KOHL VERLAG

Station 2

Das Winkeralphabet

Seeleute verständigten sich von Schiff zu Schiff vor der Erfindung des Radios mit Hilfe des Winkeralphabets. Ein Matrose, der für die Nachrichtenübermittlung zuständig war, hatte zwei Flaggen, die er in ganz bestimmten Positionen halten musste. Jede Position bedeutete dabei einen bestimmten Buchstaben.

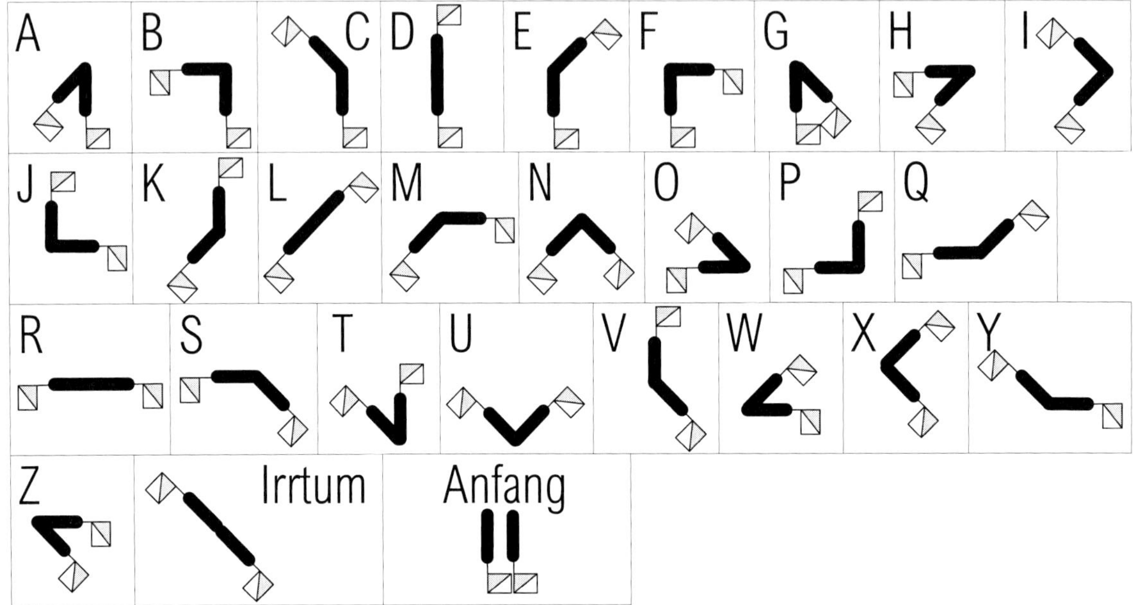

1

Entschlüsselé.

a)

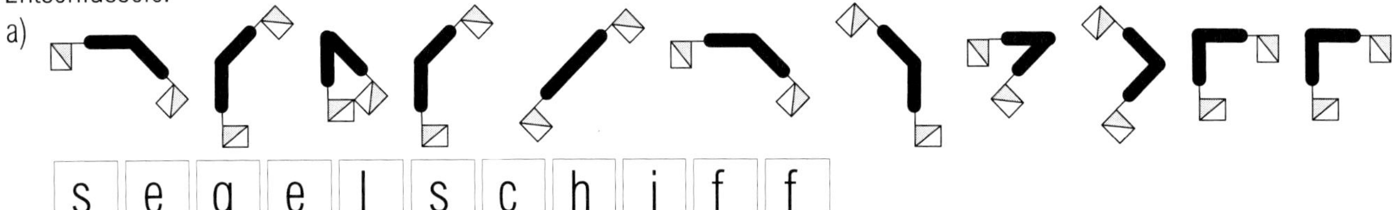

s e g e l s c h i f f

b)

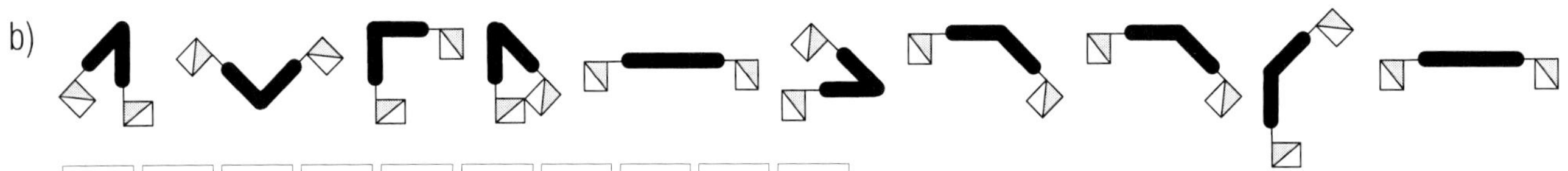

c)

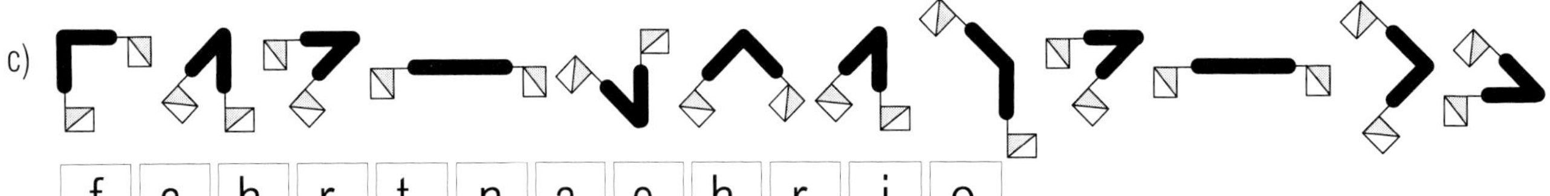

f a h r t n a c h r i o

Aufgabe 2

Verschlüssele.

schiffahoi

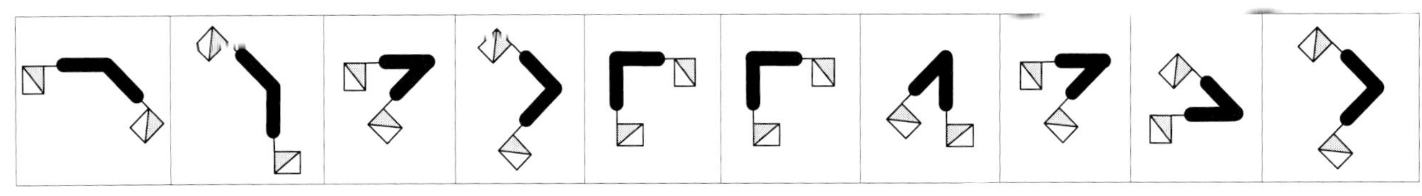

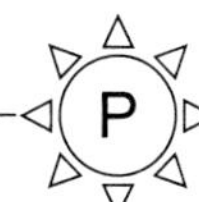

Station 3

Verschlüsseln durch zufälliges Trennen

Manchmal reicht es zum Verschlüsseln von Nachrichten schon aus, wenn man die Mitteilung willkürlich in einzelne, unzusammenhängende Teile trennt. Durch die unerwarteten Trennungen wird das Auge unfreiwillig irregeführt. Das genügt oftmals, um jemanden zu verwirren, der nicht weiß, wonach er zu suchen hat.

Beispiel: DA SAU TOP ARKT INDER CHAUS SEEST RASSE

Klartext:

dasautoparktinderchausseestrasse

Aufgabe 1

Gebt die folgenden „geheimen Botschaften" im Klartext wieder:

a) WIEL ANGEL EBTE GOTT FRI EDVONB OUIL LON

b) BISK EI NEME HRD AW AR

c) WI RAR BEIT ENHAN DIN HAND

d) WA SDIE EI NENI CHT SCHAF FTLAES STD IEAND EREL IEGEN

e) WOWI RSIND KLAP PTNI CHTS

f) AB ER WIRK OEN NENN ICH TUEBE RALLS EIN

Aufgabe 2

Wandelt den Klartext in eine „Geheimbotschaft" um, indem ihr willkürlich den Text trennt. Pro Klartext habt ihr zwei Versuche. Entscheidet, welcher Versuch am besten gelungen ist.

a) wennallesgutgehtwerdeichmorgeninspaniensein

b) foolsaskquestionsthatwisemencannotanswer

c) youcannotmakeanomelettewithoutbreakingeggs

Station 3

 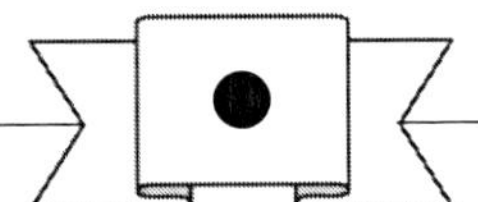

Verschlüsseln durch zufälliges Trennen

Manchmal reicht es zum Verschlüsseln von Nachrichten schon aus, wenn man die Mitteilung willkürlich in einzelne, unzusammenhängende Teile trennt. Durch die unerwarteten Trennungen wird das Auge unfreiwillig irregeführt. Das genügt oftmals, um jemanden zu verwirren, der nicht weiß, wonach er zu suchen hat.

Beispiel: DA SAU TOP ARKT INDER CHAUS SEEST RASSE

Klartext:

dasautoparktinderchausseestrasse

Aufgabe 1

Gebt die folgenden „geheimen Botschaften" im Klartext wieder:

a) WIEL ANGEL EBTE GOTT FRI EDVONB OUIL LON

wielangelebtegottfriedvonbouillon?

b) BISK EI NEME HRD AW AR

biskeinemehrdawar

c) WI RAR BEIT ENHAN DIN HAND

wirarbeitenhandinhand

d) WA SDIE EI NENI CHT SCHAF FTLAES STD IEAND EREL IEGEN

wasdieeinenichtschafftlaesstdieandereliegen

e) WOWI RSIND KLAP PTNI CHTS

wowirsindklapptnichts

f) AB ER WIRK OEN NENN ICH TUEBE RALLS EIN

aberwirkoennennichtueberallsein

Aufgabe 2

Wandelt den Klartext in eine „Geheimbotschaft" um, indem ihr willkürlich den Text trennt. Pro Klartext habt ihr zwei Versuche. Entscheidet, welcher Versuch am besten gelungen ist.

a) wennallesgutgehtwerdeichmorgeninspaniensein

WEN NALL ESGU TGEH TWER DEICH MOR GENI NSPA NIE NSE IN

WE NNA LLE SGU TGE HTW ERDE ICHM ORGEN INSP ANI ENSEIN

b) foolsaskquestionsthatwisemencannotanswer

FOO LSAS KQUES TION STH ATW ISEM ENCAN NOTAN SWER

FO OLSA SKQU EST IONS THA TWISE MENC ANN OTA NSWER

c) youcannotmakeanomelettewithoutbreakingeggs

YOUC ANN OTMA KEAN OME LET TEWI THO UTB REAK INGE GGS

YO UCAN NO TMAK EANO MELE TTEW ITH OUT BRE AKIN GEGGS

Station 4

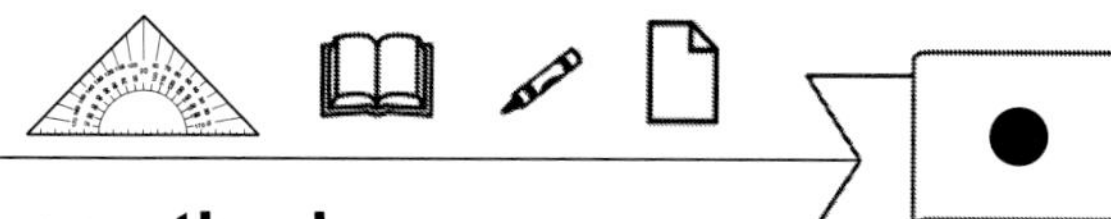

Verschlüsseln mit der Gartenzaunmethode

Bei der Gartenzaun-Verschlüsselung werden die Buchstaben des Klartextes nicht geändert. Sie werden lediglich oberhalb und unterhalb einer waagerechten Linie mittels eines einfachen Schreibverfahrens neu angeordnet. Die Buchstaben, die in den Zeilen auftauchen, notierst du gruppenweise. Die einzelnen Gruppen lassen sich durch Leerzeichen oder Punkte trennen.

Beispiel 1: Klartext: spionesindimmeraufzack

S I N S N I M R U Z C
P O E I D M E A F A K

Verschlüsselter Text: SINSNIMRUZC.POEIDMEAFAK

Beispiel 2: Klartext: spioninnensindzickig

S N E N C
P O I N N I D I K G
I N S Z I

Verschlüsselter Text: SNENC.POINNIDIKG.INSZI

Aufgabe 1

Verschlüssele im Zick-Zack.

a) amwochenendeistruhepause (wie Beispiel 1)

b) spionehabenkeinenzutritt (wie Beispiel 2)

c) dieserapmusikisteinfachklasse (wie Beispiel 1 und 2)

Aufgabe 2

Entschlüssele diese Nachrichten.

a) HSDFESIGUB.ATULISGEET
b) EBETANE.SITILUUPCEWRI.GVZNKIN
c) WSAHTUEEMRE.AMCSDUBROGN
d) GDEYUCUEV.ETIDRHTMSIHAFINRE.HRRHNTDEN

Aufgabe 3

Was sagte der müde Theodor am Montagmorgen?

BECTEHAAISA.ESREHSUDNCUELGRENNCLF.SSSNSLSKEH

KOHL VERLAG Stationenlernen Geheimschriften / TOP SECRET! – Best.-Nr. 11 752

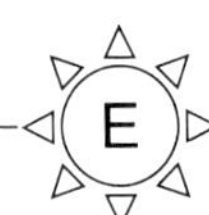

Station 4

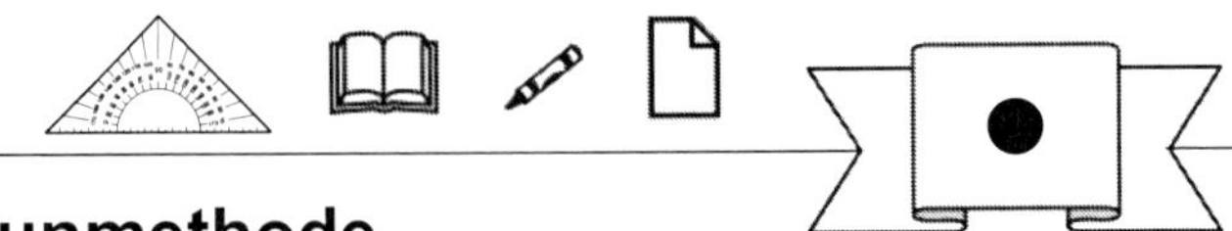

Verschlüsseln mit der Gartenzaunmethode

Bei der Gartenzaun-Verschlüsselung werden die Buchstaben des Klartextes nicht geändert. Sie werden lediglich oberhalb und unterhalb einer waagerechten Linie mittels eines einfachen Schreibverfahrens neu angeordnet. Die Buchstaben, die in den Zeilen auftauchen, notierst du gruppenweise. Die einzelnen Gruppen lassen sich durch Leerzeichen oder Punkte trennen.

Beispiel 1: Klartext: spionesindimmeraufzack

S I N S N I M R U Z C
P O E I D M E A F A K

Verschlüsselter Text: SINSNIMRUZC.POEIDMEAFAK

Beispiel 2: Klartext: spioninnensindzickig

S N E N C
P O I N N I D I K G
I N S Z I

Verschlüsselter Text: SNENC.POINNIDIKG.INSZI

Aufgabe 1

Verschlüssele im Zick-Zack.

a) amwochenendeistruhepause (wie Beispiel 1)
AWCEEDITUEAS.MOHNNESRHPUE

b) spionehabenkeinenzutritt (wie Beispiel 2)
SNBENR.POEAEKIEZTIT.IHNNUT

c) dieserapmusikisteinfachklasse (wie Beispiel 1 und 2)
DEEAMSKSENAHLSE.ISRPUIITIFCKAS DEMKEALE.ISRPUIITIFCKAS.EASSNHS

Aufgabe 2

Entschlüssele diese Nachrichten.

a) HSDFESIGUB.ATULISGEET hastdufleissiggeuebt

b) EBETANE.SITILUUPCEWRI.GVZNKIN esgibtvielzutunpackenwirein

c) WSAHTUEEMRE.AMCSDUBROGN wasmachstduuebermorgen

d) GDEYUCUEV.ETIDRHTMSIHAFINRE.HRRHNTDEN gehtdirderrhythmusnichtaufdienerven

Aufgabe 3

Was sagte der müde Theodor am Montagmorgen?

BECTEHAAISA.ESREHSUDNCUELGRENNCLF.SSSNSLSKEH
bessersechsstundenschulealsgarkeinenschlaf

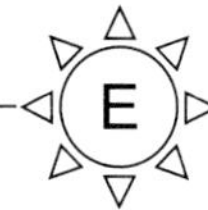

Station 5

Verschlüsseln in Quadraten

Bei dieser Verschlüsselung werden die Buchstaben des Klartextes nicht geändert. Sie werden lediglich versetzt, indem man sie zeilenweise in ein quadratisches Gitterschema schreibt und dann spaltenweise aufschreibt. Wenn du eine solche Geheimnachricht knacken willst, musst du den Vorgang umkehren und die Buchstaben vertikal in ein Quadratgitter schreiben und horizontal ablesen.

Beispiel 1:

Klartext: beeildich

Verschlüsselter Text: BII.ELC.EDH

B	E	E
I	L	D
I	C	H

Beispiel 2:

Verschlüsselter Text:

IMSZH.CMEUN.HECMH.KUHBO.OMSAF

Klartext:

ichkommeumsechszumbahnhof

I	C	H	K	O
M	M	E	U	M
S	E	C	H	S
Z	U	M	B	A
H	N	H	O	F

Aufgabe 1

Verschlüssele im Quadrat.

a) zeichneeingitter

b) schreibedeinenachrichtauf

c) schreibediebuchstabenspaltenweisevonobennachunten

d) endlichistdeinegeheimbotschaftfertig

Aufgabe 2

Entschlüssele diese Nachrichten.

a) FNA.UFG.ETE

b) ENEI.IMNT.NOTT.EMBE

c) DTPO.RARC.EGOH.IEWE

d) PRDNTD.RMAFAP.OASZUF.JCFESU.AHUHEN.HTENND

Aufgabe 3

Kennst du den Unterschied zwischen Chappi und Schule?

CIDDEE.HSESFK.ATNCÜA.PFHHRT.PÜUUDZ.IRNLI

Station 5

Verschlüsseln in Quadraten

!

Bei dieser Verschlüsselung werden die Buchstaben des Klartextes nicht geändert. Sie werden lediglich versetzt, indem man sie zeilenweise in ein quadratisches Gitterschema schreibt und dann spaltenweise aufschreibt. Wenn du eine solche Geheimnachricht knacken willst, musst du den Vorgang umkehren und die Buchstaben vertikal in ein Quadratgitter schreiben und horizontal ablesen.

Beispiel 1:

Klartext: beeildich

Verschlüsselter Text: BII.ELC.EDH

B	E	E
I	L	D
I	C	H

Beispiel 2:

Verschlüsselter Text:

IMSZH.CMEUN.HECMH.KUHBO.OMSAF

Klartext:

ichkommeumsechszumbahnhof

I	C	H	K	O
M	M	E	U	M
S	E	C	H	S
Z	U	M	B	A
H	N	H	O	F

Aufgabe 1

Verschlüssele im Quadrat.

a) zeichneeingitter
ZHIT.ENNT.IEGE.CEIR

b) schreibedeinenachrichtauf
SIICH.CBNHT.HEERA.RDNIU.EEACF

c) schreibediebuchstabenspaltenweisevonobennachunten
SEHSWNC.CDSPEOH.HITAIBU.REALSEN.EBBTENT.IUEEVNE.BCNNOAN

d) endlichistdeinegeheimbotschaftfertig
EHIESF.NINICE.DSEMHR.LTGBAT.IDEOFI.CEHTTG

Aufgabe 2

Entschlüssele diese Nachrichten.

a) FNA.UFG.ETE — fuenftage

b) ENEI.IMNT.NOTT.EMBE — einenmomentbitte

c) DTPO.RARC.EGOH.IEWE — dreitageprowoche

d) PRDNTD.RMAFAP.OASZUF.JCFESU.AHUHEN.HTENND — projahrmachtdasfuenfzehntausendpfund

Aufgabe 3

Kennst du den Unterschied zwischen Chappi und Schule?

CIDDEE.HSESFK.ATNCÜA.PFHHRT.PÜUUDZ.IRNLI

chappiistfürdenhundschulefürdiekatz

KOHL VERLAG Stationenlernen Geheimschriften / TOP SECRET! – Best.-Nr. 11 752

Station 6

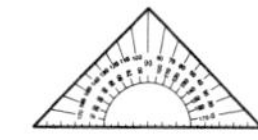

Verschlüsseln in Rechtecken

Bei dieser Verschlüsselung werden die Buchstaben in einem Rechteckgitter untergebracht, dessen Größe natürlich von der Anzahl der Buchstaben abhängt, die du verschlüsseln möchtest. Weiß der Empfänger der Nachricht, dass es sich um Verschlüsseln in Rechtecken handelt, dann verrät ihm die Anordnung des Textes, wie er das Rechteck anzulegen hat.

Beispiel 1:

Klartext:

einrechteckistselten

E	I	N	R
E	C	H	T
E	C	K	I
S	T	S	E
L	T	E	N

Verschlüsselter Text:

EEESL.ICCTT.NHKSE.RTIEN

Beispiel 2:

Klartext:

einrechteckistselten

E	I	N	R	E
C	H	T	E	C
K	I	S	T	S
E	L	T	E	N

Verschlüsselter Text:

ECKE.IHIL.NTST.RETE.ECSN

Aufgabe 1

Verschlüsselt die Nachrichten fünf- oder sechsspaltig.

a) ichhabeprobleme

b) fliegruebernachrio

c) besorgefalschepaesse

d) hiersindpaessevielglueck

Aufgabe 2

Entschlüsselt diese Nachrichten.

a) SUR.EFH.IDU.AET

b) MKN.AEM.CII.HNS.EET

c) BCWI.RHIL.AERF.UNHE

d) BTTRB.AAHDA.LNIEE.DZERR

e) IESCFNS.CRSHMGE.HLMAEIN.VAIUING

Aufgabe 3

Ihr schafft es als Superspione sicherlich, das Land herauszufinden, in dem ihr spionieren sollt.

a) MDGSA.AAAKR

b) SA.RN.IK.LA

c) KH.AS.ST.AA.CN

d) DNA.AER.EMK

e) FNLN.INAD

f) KA.AD.NA

g) ???

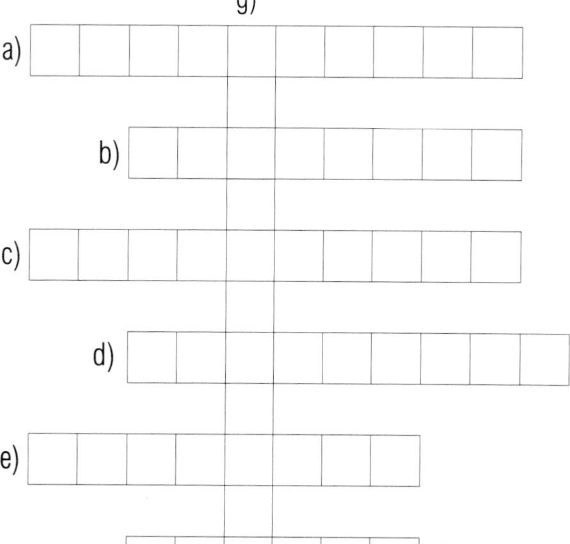

Stationenlernen Geheimschriften / TOP SECRET! – Best.-Nr. 11 752

Station 6

Verschlüsseln in Rechtecken

Bei dieser Verschlüsselung werden die Buchstaben in einem Rechteckgitter untergebracht, dessen Größe natürlich von der Anzahl der Buchstaben abhängt, die du verschlüsseln möchtest. Weiß der Empfänger der Nachricht, dass es sich um Verschlüsseln in Rechtecken handelt, dann verrät ihm die Anordnung des Textes, wie er das Rechteck anzulegen hat.

Beispiel 1:

Klartext:

einrechteckistselten

E	I	N	R
E	C	H	T
E	C	K	I
S	T	S	E
L	T	E	N

Verschlüsselter Text:

EEESL.ICCTT.NHKSE.RTIEN

Beispiel 2:

Klartext:

einrechteckistselten

E	I	N	R	E
C	H	T	E	C
K	I	S	T	S
E	L	T	E	N

Verschlüsselter Text:

ECKE.IHIL.NTST.RETE.ECSN

Aufgabe 1

Verschlüsselt die Nachrichten fünf- oder sechsspaltig.

a) ichhabeprobleme
IBB.CEL.HPE.HRM.AOE

b) fliegruebernachrio
FUA.LEC.IBH.EER.GRI.RNO

c) besorgefalschepaesse
BGSA.EECE.SFHS.OAES.RLPE

d) hiersindpaessevielglueck
HNSG.IDEL.EPVU.RAIE.SEEC.ISLK

Aufgabe 2

Entschlüsselt diese Nachrichten.

a) SUR.EFH.IDU.AET
seiaufderhut

b) MKN.AEM.CII.HNS.EET
machekeinenmist

c) BCWI.RHIL.AERF.UNHE
brauchenwirhilfe

d) BTTRB.AAHDA.LNIEE.DZERR
baldtanzthierderbaer

e) IESCFNS.CRSHMGE.HLMAEIN.VAIUING
ichverlassmichaufmeinginseng

Aufgabe 3

Ihr schafft es als Superspione sicherlich, das Land herauszufinden, in dem ihr spionieren sollt.

a) MDGSA.AAAKR

b) SA.RN.IK.LA

c) KH.AS.ST.AA.CN

d) DNA.AER.EMK

e) FNLN.INAD

f) KA.AD.NA

g) GCL.RHA.IEN.END

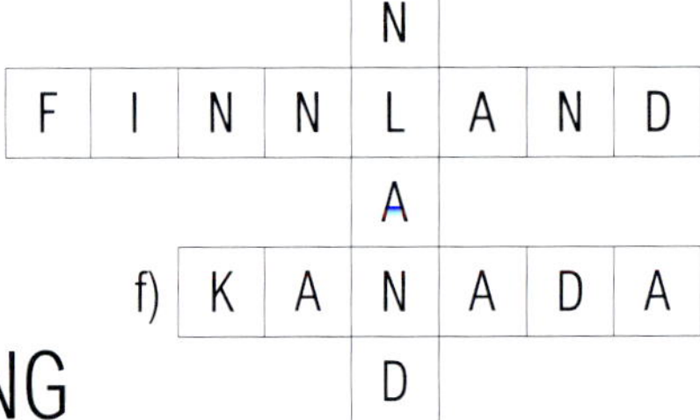

Stationenlernen Geheimschriften / TOP SECRET! – Best.-Nr. 11 752

Station 7

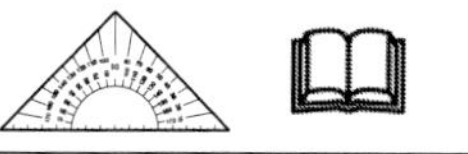

Verschlüsseln in Rechtecken mit Blendern

Bei dieser Verschlüsselung werden bedeutungslose Buchstaben – sogenannte Blender – in die Botschaft eingeschmuggelt. Diese Blender verfremden die Botschaft und ermöglichen es, sie in einem Rechteck passender Größe unterzubringen. Als Blender nimmt man Buchstaben wie X, Y oder Z, weil sie weniger häufig in Texten auftauchen.

Beispiel 1:

Klartext:

kommemorgen

K	O	M	M
E	M	O	R
Z	G	E	N

Verschlüsselter Text:

KEZ.OMG.MOE.MRN

Beispiel 2:

Klartext:

umwievieluhrdenn

U	M	Z	W	I
E	V	I	E	L
X	U	H	R	Y
D	E	N	N	Q

Verschlüsselter Text:

UEXD.MVUE.ZIHN.WERN.ILYQ

Aufgabe 1

Verschlüsselt die Nachrichten jeweils fünfspaltig. Benutzt als Blender den Buchstaben Q.

a) nachrichtistda

b) paketeverschnueren

c) benutzediespezialkamera

d) leitebotschaftschnellweiter

e) halteangelegenheitgeheim

f) kannstdudichandieseabmachunghalten

Aufgabe 2

Entschlüsselt diese Nachrichten.

a) Fragt der Vater seinen Sohn: „Was hast du heute in Mathe gehabt?"

FTNE.UBHR.RAUX.CRNY.HEGZ

b) Fragt der Englischlehrer seine Klasse: „Was heißt ´We are from Germany´?" Brüllt die ganze Klasse im Chor:

WDEN.IFGE.RREN.SORQ.IMMX.NMAV

c) In der Bio-Arbeit wird verlangt: „Nenne fünf Sachen, in denen Milch ist." Stefan schreibt:

BEEIDIH.URSSZKE.TKEUWUX.TAENEEY

d) „Was gibt sechs mal sechs?" - „66, Herr Lehrer." - „Unmöglich. Sven, weißt du es?" - „Ja. Sechs mal sechs gibt Mittwoch." - „Um Gottes Willen! Heinz, weißt du es wenigstens?" - „Ja, heraus kommt 36." - „Na endlich. Wie bist du drauf gekommen?" - „Ganz einfach."

SNZUW.EDISO.CSGMC.HEMIH.SCITV.UHNTW

KOHL VERLAG Stationenlernen Geheimschriften / TOP SECRET! – Best.-Nr. 11 752

Station 7

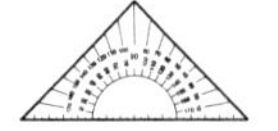

Verschlüsseln in Rechtecken mit Blendern

Bei dieser Verschlüsselung werden bedeutungslose Buchstaben – sogenannte Blender – in die Botschaft eingeschmuggelt. Diese Blender verfremden die Botschaft und ermöglichen es, sie in einem Rechteck passender Größe unterzubringen. Als Blender nimmt man Buchstaben wie X, Y oder Z, weil sie weniger häufig in Texten auftauchen.

Beispiel 1:

Klartext:

kommemorgen

K	O	M	M
E	M	O	R
Z	G	E	N

Verschlüsselter Text:

KEZ.OMG.MOE.MRN

Beispiel 2:

Klartext:

umwievieluhrdenn

U	M	Z	W	I
E	V	I	E	L
X	U	H	R	Y
D	E	N	N	Q

Verschlüsselter Text:

UEXD.MVUE.ZIHN.WERN.ILYQ

Aufgabe 1

Verschlüsselt die Nachrichten jeweils fünfspaltig. Benutzt als Blender den Buchstaben Q.

a) nachrichtistda — NIS.ACT.CHD.HTA.RIQ

b) paketeverschnueren — PECR.AVHE.KENN.ERUQ.TSEQ

c) benutzediespezialkamera — BZSAE.EEPLR.NDEKA.UIZAQ.TEIMQ

d) leitebotschaftschnellweiter — LBHCLE.EOAHWR.ITFNEQ.TSTEIQ.ECSLTQ

e) halteangelegenheitgeheim — HAEEH.ANGIE.LGETI.TENGM.ELHEQ

f) kannstdudichandieseabmachunghalten — KTCIBUL.ADHEMNT.NUASAGE.NDNECHN.SIDAHAQ

Aufgabe 2

Entschlüsselt diese Nachrichten.

a) Fragt der Vater seinen Sohn: „Was hast du heute in Mathe gehabt?"

FTNE.UBHR.RAUX.CRNY.HEGZ — furchtbarenhunger

b) Fragt der Englischlehrer seine Klasse: „Was heißt ´We are from Germany´?" Brüllt die ganze Klasse im Chor:

WDEN.IFGE.RREN.SORQ.IMMX.NMAV — wirsindfrommegermanen

c) In der Bio-Arbeit wird verlangt: „Nenne fünf Sachen, in denen Milch ist." Stefan schreibt:

BEEIDIH.URSSZKE.TKEUWUX.TAENEEY — butterkaeseeisundzweikuehe

d) „Was gibt sechs mal sechs?" - „66, Herr Lehrer." - „Unmöglich. Sven, weißt du es?" - „Ja. Sechs mal sechs gibt Mittwoch." - „Um Gottes Willen! Heinz, weißt du es wenigstens?" - „Ja, heraus kommt 36." - „Na endlich. Wie bist du drauf gekommen?" - „Ganz einfach."

SNZUW.EDISO.CSGMC.HEMIH.SCITV.UHNTW — sechsundsechzigminusmittwoch

Stationenlernen Geheimschriften / TOP SECRET! – Best.-Nr. 11 752

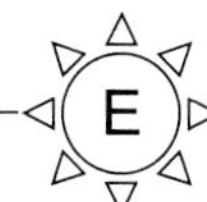

Station 8

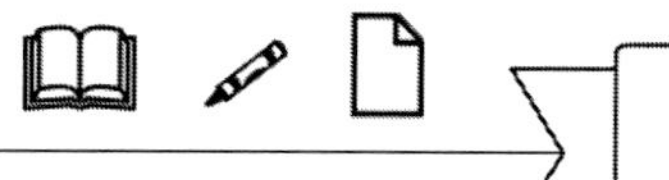

Die Chiffre der Freimaurer

Die Freimaurer, eine Art Geheimbund, wandelten Buchstaben in ein Linien- und Punktemuster um. Die Nachricht wird verschlüsselt, indem man die Linien und Punkte abzeichnet, die sich an den Buchstaben des Alphabets befinden.

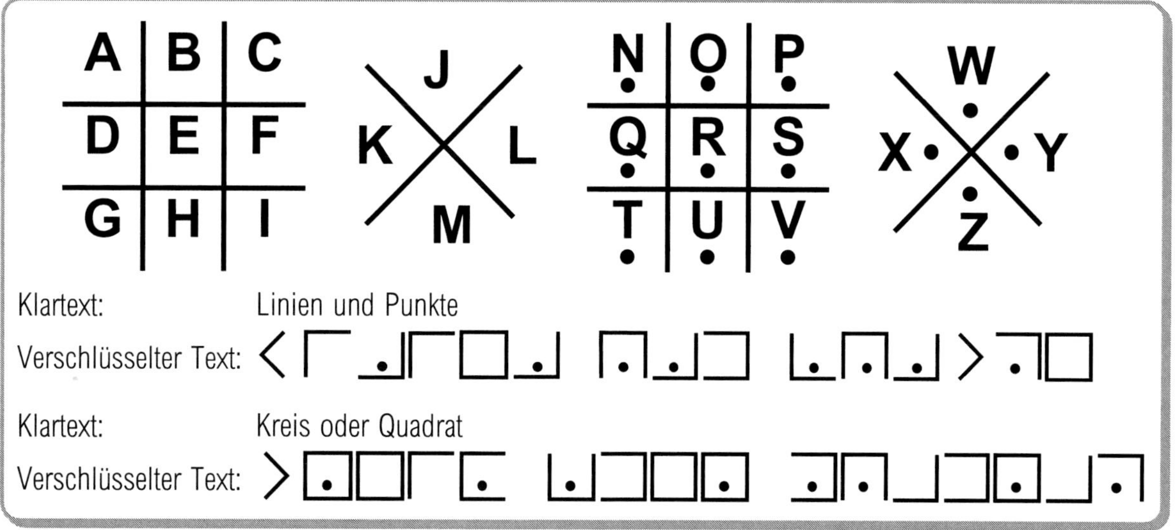

Aufgabe 1

Verschlüssele wie die Freimaurer.

a) Dieses Chiffre heißt auch Schweineschrift

b) Man verwendet einfache Zeichen

c) Jeder Klartextbuchstabe wird ersetzt durch Punkte und Linien

Aufgabe 2

Entschlüssele.

a) Wer hat Zähne und kann nicht beißen?

b) Welcher Peter macht den meisten Lärm?

c) Wer hat die dümmsten Eltern?

KOHL VERLAG Stationenlernen Geheimschriften / TOP SECRET! – Best.-Nr. 11 752

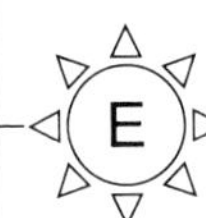

Station 8

Die Chiffre der Freimaurer

Die Freimaurer, eine Art Geheimbund, wandelten Buchstaben in ein Linien- und Punktemuster um. Die Nachricht wird verschlüsselt, indem man die Linien und Punkte abzeichnet, die sich an den Buchstaben des Alphabets befinden.

A	B	C
D	E	F
G	H	I

J, K, L, M

N•	O•	P•
Q•	R•	S•
T•	U•	V•

W•, X•, Y•, Z•

Klartext: linienundpunkte

Verschlüsselter Text:

Klartext: kreisoderquadrat

Verschlüsselter Text:

Aufgabe 1

Verschlüssele wie die Freimaurer.

a) dieseschiffreheisstauchschweineschrift

b) manverwendeteinfachezeichen

c) jederklartextbuchstabewirdersetztdurchpunkteundlinien

Aufgabe 2

Entschlüssele.

a) Wer hat Zähne und kann nicht beißen?

diebriefmarke

b) Welcher Peter macht den meisten Lärm?

dertrompeter

c) Wer hat die dümmsten Eltern?

daskalb

dennseineeltern

sindrindviecher

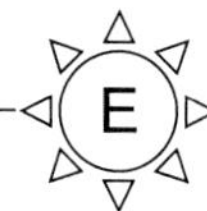

Station 9

Die Geheimschrift des Polybius

Der griechische Schreiber Polybius (ca. 200 v. Chr. bis 120 v. Chr.) beschreibt ein Verfahren zur optischen Übermittlung von Nachrichten. Dabei wird jedem Buchstaben des Alphabets eine Zahl mit zwei Ziffern zugeordnet. Damit die 26 Buchstaben in ein Quadratschema passen, wird für die Buchstaben I und J die gleiche Zahl angegeben.

	1	2	3	4	5
1	A	B	C	D	E
2	F	G	H	I/J	K
3	L	M	N	O	P
4	Q	R	S	T	U
5	V	W	X	Y	Z

Wie kann man sich die optische Übermittlung mit Hilfe des Polybius-Quadrates vorstellen? Denk dir einmal zwei Taschenlampen an unterschiedlichen Positionen. Wenn die linke Taschenlampe zweimal aufblitzt und die rechte Lampe dreimal, dann wurde der Buchstabe H übermittelt.

Beispiel 1:

Klartext: vielglueck

Verschlüsselter Text:

51 24 15 31 22 31 45 15 13 25

Beispiel 2:

Verschlüsselter Text:

15 24 33 21 42 34 23 15 43 33 15 45 15 43 24 11 23 42

Klartext: einfrohesneuesjahr

Aufgabe 1

Verschlüssele die Nachrichten mit Hilfe des Polybius-Quadrates.

a) dasverfahrendesollenpolybius

b) istfuerschuelerkeinwahrergenuss

Aufgabe 2

Entschlüssele die Nachrichten.

a) 22 11 42 32 11 33 13 23 15 42 31 15 24 14 15 44 41 45 11 31 15 33

b) 34 12 14 15 42 51 24 15 31 15 33 55 11 23 31 15 33

c) 45 33 14 43 13 23 45 15 44 44 15 31 44 14 15 33 25 34 35 21

d) 32 24 44 51 15 42 14 42 45 43 43

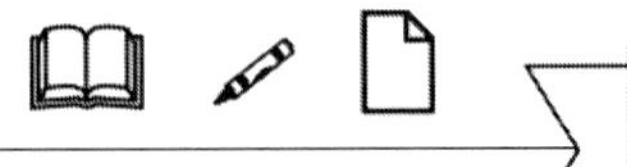

Station 9

Die Geheimschrift des Polybius

Der griechische Schreiber Polybius (ca. 200 v. Chr. bis 120 v. Chr.) beschreibt ein Verfahren zur optischen Übermittlung von Nachrichten. Dabei wird jedem Buchstaben des Alphabets eine Zahl mit zwei Ziffern zugeordnet. Damit die 26 Buchstaben in ein Quadratschema passen, wird für die Buchstaben I und J die gleiche Zahl angegeben.

	1	2	3	4	5
1	A	B	C	D	E
2	F	G	H	I/J	K
3	L	M	N	O	P
4	Q	R	S	T	U
5	V	W	X	Y	Z

Wie kann man sich die optische Übermittlung mit Hilfe des Polybius-Quadrates vorstellen? Denk dir einmal zwei Taschenlampen an unterschiedlichen Positionen. Wenn die linke Taschenlampe zweimal aufblitzt und die rechte Lampe dreimal, dann wurde der Buchstabe H übermittelt.

Beispiel 1:

Klartext: vielglueck

Verschlüsselter Text:

51 24 15 31 22 31 45 15 13 25

Beispiel 2:

Verschlüsselter Text:

15 24 33 21 42 34 23 15 43 33 15 45 15 43 24 11 23 42

Klartext: einfrohesneuesjahr

Aufgabe 1

Verschlüssele die Nachrichten mit Hilfe des Polybius-Quadrates.

a) dasverfahrendesollenpolybius

14 11 43 51 15 42 21 11 23 42 15 33 14 15 43 34 31 31 15 33 35 34 31 54 12 24 45 43

b) istfuerschuelerkeinwahrergenuss

24 43 44 21 45 15 42 43 13 23 45 15 31 15 42 25 15 24 33 52 11 23 42 15 42 22 15 33 45 43 43

Aufgabe 2

Entschlüssele die Nachrichten.

a) 22 11 42 32 11 33 13 23 15 42 31 15 24 14 15 44 41 45 11 31 15 33

garmancherleidetqualen

b) 34 12 14 15 42 51 24 15 31 15 33 55 11 23 31 15 33

obdervielenZahlen

c) 45 33 14 43 13 23 45 15 44 44 15 31 44 14 15 33 25 34 35 21

undschuetteltdenkopf

d) 32 24 44 51 15 42 14 42 45 43 43

mitverdruss

KOHL VERLAG Stationenlernen Geheimschriften / TOP SECRET! – Best.-Nr. 11 752

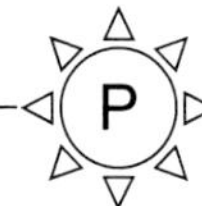

Station 10

Rechteck mit Zahlenschlüssel

Bei dieser Verschlüsselung braucht man zusätzlich noch einen Zahlenschlüssel. Er wird benötigt, um die Spalten des Rechtecks anders zu gruppieren. Wenn man den Zahlenschlüssel nicht kennt, wird es noch schwieriger, den verschlüselten Text zu knacken. Kennt man dagegen den Zahlenschlüssel, ist die Entschlüsselung ganz einfach. Man schreibt die Zahl über das Rechteck und nimmt dann die erste, zweite, dritte, ... Buchstabenspalte. Den Klartext liest man dann ganz normal zeilenweise ab.

Beispiel 1:

Klartext:

dastheaterbinichleid

Zahlenschlüssel: 51324

5	1	3	2	4
D	A	S	T	H
E	A	T	E	R
B	I	N	I	C
H	L	E	I	D

Verschlüsselter Text:

AAIL.TEII.STNE.HRCD.DEBH

Beispiel 2:

Verschlüsselter Text:

KAHNK.RMCII.DLDRF.INAAA.EISOR

Zahlenschlüssel: 35214

3	5	2	1	4
D	E	R	K	I
L	I	M	A	N
D	S	C	H	A
R	O	I	N	A
F	R	I	K	A

Klartext:

derkilimandscharoinafrika

Aufgabe 1

Verschlüsselt die Nachrichten mit dem angegebenen Zahlenschlüssel.

a) wirschickengold — Zahlenschlüssel: 32514

b) nimmsoschnellwiemoeglichkontakteauf — Zahlenschlüssel: 54321

c) wirreisenimorientexpressnachistanbul — Zahlenschlüssel: 4231

Aufgabe 2

Entschlüsselt diese Nachrichten.

a) Scherzfrage: Warum können die Italiener keine Grillparty veranstalten? Zahlenschlüssel: 54321

DATMRNFN.LPTMUETE.ISEIDDSL.EEHSRHOL.WIGIECRA

b) Scherzfrage: Was ist eine Bohrinsel? Zahlenschlüssel: 312

IRUOFRHET.NLBRUZNRE.EUASTEAAZ

Stationenlernen Geheimschriften / TOP SECRET! – Best.-Nr. 11 752

Station 10

Rechteck mit Zahlenschlüssel

Bei dieser Verschlüsselung braucht man zusätzlich noch einen Zahlenschlüssel. Er wird benötigt, um die Spalten des Rechtecks anders zu gruppieren. Wenn man den Zahlenschlüssel nicht kennt, wird es noch schwieriger, den verschlüselten Text zu knacken. Kennt man dagegen den Zahlenschlüssel, ist die Entschlüsselung ganz einfach. Man schreibt die Zahl über das Rechteck und nimmt dann die erste, zweite, dritte, ... Buchstabenspalte. Den Klartext liest man dann ganz normal zeilenweise ab.

Beispiel 1:

Klartext:

dastheaterbinichleid

Zahlenschlüssel: 51324

5	1	3	2	4
D	A	S	T	H
E	A	T	E	R
B	I	N	I	C
H	L	E	I	D

Verschlüsselter Text:

AAIL.TEII.STNE.HRCD.DEBH

Beispiel 2:

Verschlüsselter Text:

KAHNK.RMCII.DLDRF.INAAA.EISOR

Zahlenschlüssel: 35214

3	5	2	1	4
D	E	R	K	I
L	I	M	A	N
D	S	C	H	A
R	O	I	N	A
F	R	I	K	A

Klartext:

derkilimandscharoinafrika

Aufgabe 1

Verschlüsselt die Nachrichten mit dem angegebenen Zahlenschlüssel.

a) wirschickengold — Zahlenschlüssel: 32514

SKL.IIG.WHN.CED.RCO

b) nimmsoschnellwiemoeglichkontakteauf — Zahlenschlüssel: 54321

SNIGKKF.MHWEHAU.MCLOCTA.ISLMINE.NOEELOT

c) wirreisenimorientexpressnachistanbul — Zahlenschlüssel: 4231

REONPSHAL.IIIIEEASB.RSMEXSCTU.WENRTRNIN

Aufgabe 2

Entschlüsselt diese Nachrichten.

a) Scherzfrage: Warum können die Italiener keine Grillparty veranstalten? — Zahlenschlüssel: 54321

DATMRNFN.LPTMUETE.ISEIDDSL.EEHSRHOL.WIGIECRA

weildiespaghettisimmerdurchdenrostfallen

b) Scherzfrage: Was ist eine Bohrinsel? — Zahlenschlüssel: 312

IRUOFRHET.NLBRUZNRE.EUASTEAAZ

einurlaubsortfuerzahnaerzte

KOHL VERLAG Stationenlernen Geheimschriften / TOP SECRET! – Best.-Nr. 11 752

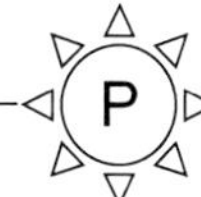

Station 11

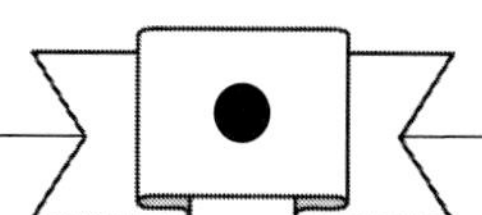

Julius Cäsars Geheimschrift (1)

Der römische Schriftsteller Sueton (um 70 n. Chr.) berichtet, dass Gajus Julius Cäsar (13. Juli 100 – 15. März 44 v. Chr.), der dir bestimmt bekannt ist als römischer Staatsmann, Feldherr und Schriftsteller [De bello Gallico], seine Briefe mit vertraulichem Inhalt in einer Geheimschrift verfasste. Das Geheimnis dieser Geheimschrift bestand darin, dass Cäsar lediglich das Alphabet um drei Buchstaben nach links verschob. So wurde das a des Klartextes zu einem D, das d zu einem G, das p zu einem S, usw.

a	b	c	d	e	f	g	h	i	j	k	l	m	n	o	p	q	r	s	t	u	v	w	x	y	z
D	E	F	G	H	I	J	K	L	M	N	O	P	Q	R	S	T	U	V	W	X	Y	Z	A	B	C

Beispiel: gallienbestehtausdreiTeilen

würde Cäsar so verschlüsselt haben:

JDOOLHQEHVWHKWDXVGUHLWHLOHQ

Aufgabe 1

Gebt die folgenden „geheimen Botschaften" Cäsars im Klartext wieder:

a) LFKNDPVDKXQGVLHJWH

b) GLHVHVJDOOLVFKHGRUIPDFKWPLFKJDQCNUDQN

c) EUXWXVLVWHLQJDQCKLQWHUKDHOWLJHUIHLJOLQJ

Aufgabe 2

Wandelt den Klartext in eine „Geheimbotschaft" Cäsars um.

a) wenndaswettersobleibtgreifeichmorgenan

b) varusgibmirmeinelegionenwieder

c) ichlassemichvonpompeiascheidenundheiratecalpurnia

Stationenlernen Geheimschriften / TOP SECRET! – Best.-Nr. 11 752

Station 11

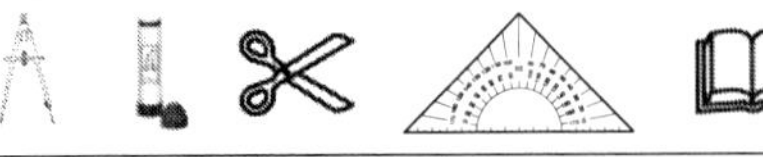

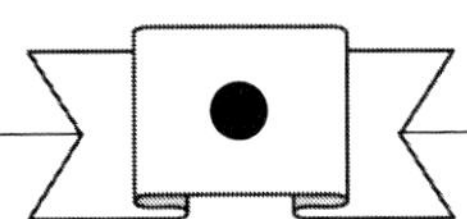

Julius Cäsars Geheimschrift (1)

Der römische Schriftsteller Sueton (um 70 n. Chr.) berichtet, dass Gajus Julius Cäsar (13. Juli 100 – 15. März 44 v. Chr.), der dir bestimmt bekannt ist als römischer Staatsmann, Feldherr und Schriftsteller [De bello Gallico], seine Briefe mit vertraulichem Inhalt in einer Geheimschrift verfasste. Das Geheimnis dieser Geheimschrift bestand darin, dass Cäsar lediglich das Alphabet um drei Buchstaben nach links verschob. So wurde das a des Klartextes zu einem D, das d zu einem G, das p zu einem S, usw.

a	b	c	d	e	f	g	h	i	j	k	l	m	n	o	p	q	r	s	t	u	v	w	x	y	z
D	E	F	G	H	I	J	K	L	M	N	O	P	Q	R	S	T	U	V	W	X	Y	Z	A	B	C

Beispiel: gallienbestehtausdreiteilen

würde Cäsar so verschlüsselt haben:

JDOOLHQEHVWHKWDXVGUHLWHLOHQ

Aufgabe 1

Gebt die folgenden „geheimen Botschaften" Cäsars im Klartext wieder:

a) LFKNDPVDKXQGVLHJWH

ichkamsahundsiegte

b) GLHVHVJDOOLVFKHGRUIPDFKWPLFKJDQCNUDQN

diesesgallischedorfmachtmichganzkrank

c) EUXWXVLVWHLQJDQCKLQWHUKDHOWLJHUIHLJOLQJ

brutusisteinganzhinterhaeltigerfeigling

Aufgabe 2

Wandelt den Klartext in eine „Geheimbotschaft" Cäsars um.

a) wenndaswettersobleibtgreifeichmorgenan

ZHQQGDVZHWWHUVREOHLEWJUHLIHLFKPRUJHQDQ

b) varusgibmirmeinelegionenwieder

YDUXVJLEPLUPHLQHOHJLRQHQZLHGHU

c) ichlassemichvonpompeiascheidenundheiratecalpurnia

LFKODVVHPLFKYRQSRPSHLDVFKHLGHQXQGKHLUDWHFDOSXUQLD

KOHL VERLAG Stationenlernen Geheimschriften / TOP SECRET! – Best.-Nr. 11 752

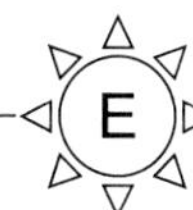

Station 12

Cäsars Geheimschrift mit griechischen Buchstaben

Cäsar ersetzte in seiner Geheimschrift nicht nur jeden Buchstaben des Klartextes durch den Buchstaben, der drei Stellen weiter im Alphabet folgt, sondern er schrieb auch Botschaften, bei denen er die römischen Buchstaben durch griechische ersetzte und die Nachricht dadurch für den Gegner nicht so ohne weiteres lesbar war. Davon berichtet er jedenfalls in seinem Buch über den gallischen Krieg.

a b c d e f g h i j k l m n o p q r s t u v w x y z

α β χ δ ε ϕ γ η ι φ κ λ μ ν ο π θ ρ σ τ υ ϖ ω ξ ψ ζ

Klartext: vaterundsohn

Verschlüsselter Text: ϖατερυνδσοην

Verschlüsselter Text: μυττερυνδτοχητερ

Klartext: mutterundtochter

Aufgabe 1

Entschlüssele.

a) Sagt der Gast: „Herr Ober, in meiner Suppe schwimmt ein Haar."

Ober: δασιστδοχηνυρ εινεωιμπερϖομφετταυγε

b) Sagt der Gast: „Herr Ober, das Muster auf der Butter ist Ihnen aber besonders gut gelungen."

Ober: ωοζυμειναλτερκαμμδοχηνοχηγυτιστ

Aufgabe 2

Mit einem Computer, der verschiedene Schriften beinhaltet, kann man ganz einfach seine Nachrichten verschlüsseln. Nimm z. B. die Schriftart „wingdings" oder „ZDingbats":

a b c d e f g h i j k l m n o p q r s t u v w x y z

♋ ♌ ♍ ♎ ♏ ♐ ♑ ♒ ♓ 𝓮𝓻 & ● ❍ ■ □ ◻ ❑ ❒ ⬧ ⧫ ◆ ❖ ⬥ ⌧ ⍓ ⌘

a b c d e f g h i j k l m n o p q r s t u v w x y z

❁ ❂ ❃ ❄ ❅ ❆ ❇ ❈ ❉ ❊ ● ❍ ■ ❏ ❐ ❑ ❒ ▲ ▼ ◆ ❖ ◗ ❘ ❙ ❚

Entschlüssele.

a) Sagt der Gast: „Herr Ober, Ihr Beefsteak schmeckt wie eine Schuhsohle, die man mit Zwiebeln eingerieben hat."

Ober: ⬧♋⬧⬧♓♏♋♌♏❒⬧♍♒□■♋●●♏⬧♑♏♑♏⬧⬧♏■♒♋♌♏■

b) Sagt der Gast: „Herr Ober, nehmen Sie sofort den Daumen von meinem Kotelette."

Ober: ❇●❁◆❂❅■▲❈❉❊▲▲❑●●❍❇❐■❑❉❇❍❁●❖❑❍▼❊●●❈❐❐◆▼▲❉❇❊■

Stationenlernen Geheimschriften / TOP SECRET! – Best.-Nr. 11 752
KOHL VERLAG

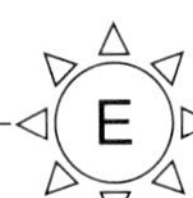

Station 12

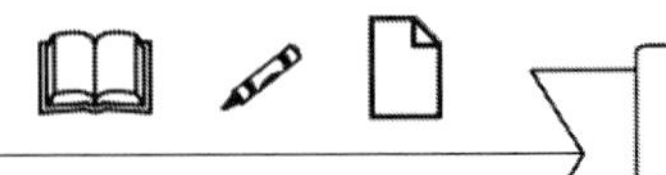

Cäsars Geheimschrift mit griechischen Buchstaben

Cäsar ersetzte in seiner Geheimschrift nicht nur jeden Buchstaben des Klartextes durch den Buchstaben, der drei Stellen weiter im Alphabet folgt, sondern er schrieb auch Botschaften, bei denen er die römischen Buchstaben durch griechische ersetzte und die Nachricht dadurch für den Gegner nicht so ohne weiteres lesbar war. Davon berichtet er jedenfalls in seinem Buch über den gallischen Krieg.

a b c d e f g h i j k l m n o p q r s t u v w x y z
α β χ δ ε φ γ η ι φ κ λ μ ν ο π θ ρ σ τ υ ϖ ω ξ ψ ζ

Klartext: v a t e r u n d s o h n

Verschlüsselter Text: ϖ α τ ε ρ υ ν δ σ ο η ν

Verschlüsselter Text: μ υ τ τ ε ρ υ ν δ τ ο χ η τ ε ρ

Klartext: m u t t e r u n d t o c h t e r

Aufgabe 1

Entschlüssele.

a) Sagt der Gast: „Herr Ober, in meiner Suppe schwimmt ein Haar."

Ober: δασιστδοχηνυρ εινεωιμπερϖομφετταυγε
dasistdochnureinewimpervomfettauge

b) Sagt der Gast: „Herr Ober, das Muster auf der Butter ist Ihnen aber besonders gut gelungen."

Ober: ωοζυμειναλτερκαμμδοχηνοχηγυτιστ
wozumeinalterkammdochnochgutist

Aufgabe 2

Mit einem Computer, der verschiedene Schriften beinhaltet, kann man ganz einfach seine Nachrichten verschlüsseln. Nimm z. B. die Schriftart „wingdings" oder „ZDingbats":

a b c d e f g h i j k l m n o p q r s t u v w x y z
♋ ♌ ♍ ♎ ♏ ♐ ♑ ♒ ♓ 🙰 🙵 ● ❍ ■ □ ◻ ❑ ❒ ⬧ ⧫ ◆ ❖ ⬥ ⌧ ⍓ ⌘

a b c d e f g h i j k l m n o p q r s t u v w x y z
❁ ❂ ❃ ❄ ❅ ❆ ❇ ❈ ❉ ❊ ❋ ● ❍ ■ ❏ ❐ ❑ ❒ ▲ ▼ ◆ ❖ ◗ ❘ ❙ ❚

Entschlüssele.

a) Sagt der Gast: „Herr Ober, Ihr Beefsteak schmeckt wie eine Schuhsohle, die man mit Zwiebeln eingerieben hat."

Ober: ⬥♋⬧⬧♓♏♋♌♏❒⬧♍♒□■♋●●♏⬧♑♏♑♏⬧⬧♏■♒♋♌♏■
wassieaberschonallesgegessenhaben

b) Sagt der Gast: „Herr Ober, nehmen Sie sofort den Daumen von meinem Kotelette."

Ober: ❇●❁◆❂❅■▲❉❅❅▲▲❏●●❍❉❒■❏❃❈❍❁●❖❏❍▼❅●●❅❒❒◆▼▲❃❈❅■
glaubensieessollmirnochmalvomtellerrutschen

Stationenlernen Geheimschriften / TOP SECRET! – Best.-Nr. 11 752
KOHL VERLAG

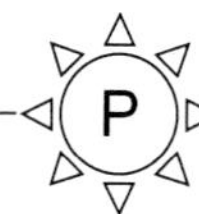

Station 13

Verschlüsseln mit Chiffrier-Schablonen (1)

Diese Methode zur Verschlüsselung wurde zuerst von dem Italiener Jeralamo Cardano (1501 – 1576) angewandt. Sowohl der Sender als auch der Empfänger einer geheimen Nachricht müssen über eine identische Schablone mit ausgestanzten Fensterchen verfügen. Um eine Nachricht zu verschlüsseln, legt man die Schablone auf und trägt sie in die Fenster ein. Die verbleibenden leeren Felder werden mit anderen, zufällig ausgesuchten Buchstaben gefüllt.

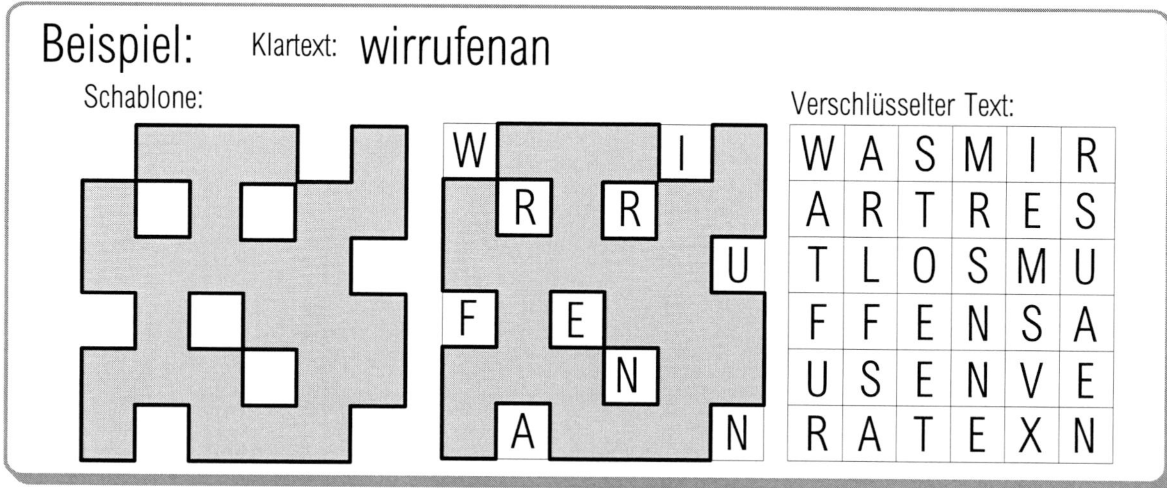

Aufgabe 1

Schneidet die Chiffrier-Schablone aus und entschlüsselt jeweils zwei versteckte Botschaften. Legt die Schablone wie abgebildet auf.

a)

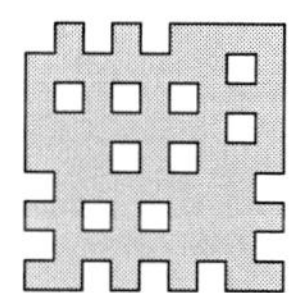

b)

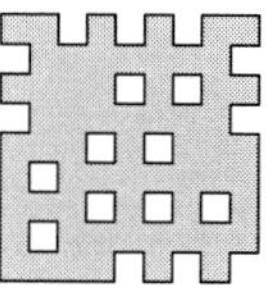

Chiffrier-Schablone:

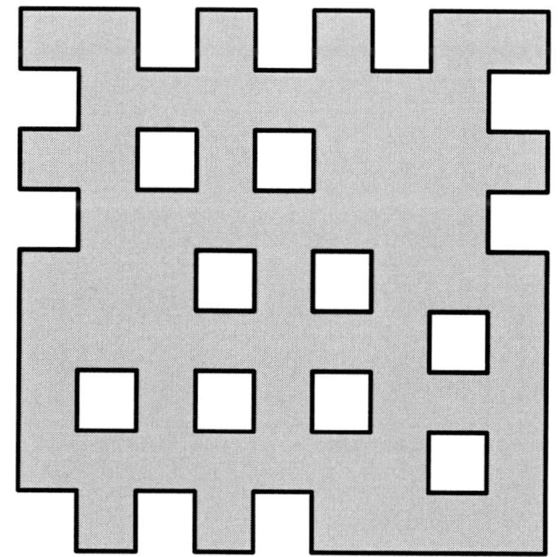

a)

S	O	P	H	I	M	R	A	O
L	C	D	H	P	M	R	O	W
A	N	H	E	J	S	L	V	E
C	B	D	Y	I	U	M	T	B
R	X	L	E	U	R	K	X	E
B	A	I	W	N	S	N	M	E
E	S	N	N	E	A	S	P	O
I	G	R	Y	W	F	U	I	N
G	W	S	I	A	E	M	N	B

b)

A	S	W	E	I	B	R	C	T
H	D	G	F	E	I	Z	F	E
E	J	I	H	L	A	F	K	N
E	C	L	O	T	D	E	B	N
S	X	T	D	P	E	H	X	A
K	I	A	Y	M	Z	E	F	B
N	B	G	N	O	E	C	R	D
E	F	H	W	G	T	J	A	I
O	U	D	F	R	M	A	P	U

KOHL VERLAG Stationenlernen Geheimschriften / TOP SECRET! – Best.-Nr. 11 752

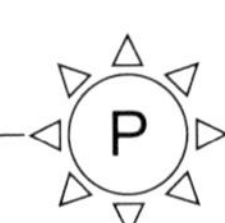

Station 13

Verschlüsseln mit Chiffrier-Schablonen (1)

Diese Methode zur Verschlüsselung wurde zuerst von dem Italiener Jeralamo Cardano (1501 – 1576) angewandt. Sowohl der Sender als auch der Empfänger einer geheimen Nachricht müssen über eine identische Schablone mit ausgestanzten Fensterchen verfügen. Um eine Nachricht zu verschlüsseln, legt man die Schablone auf und trägt sie in die Fenster ein. Die verbleibenden leeren Felder werden mit anderen, zufällig ausgesuchten Buchstaben gefüllt.

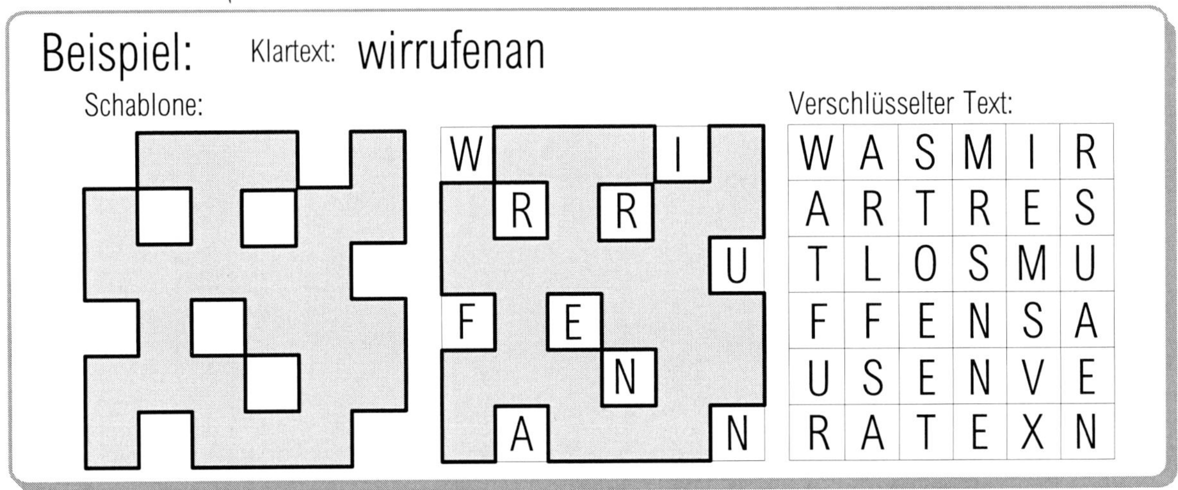

Aufgabe 1

Schneidet die Chiffrier-Schablone aus und entschlüsselt jeweils zwei versteckte Botschaften. Legt die Schablone wie abgebildet auf.

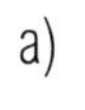

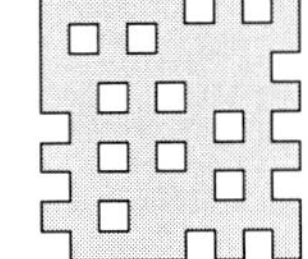

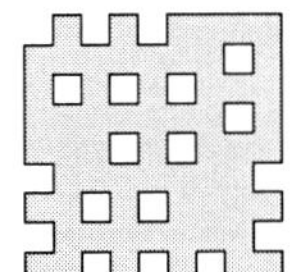

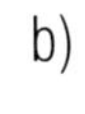

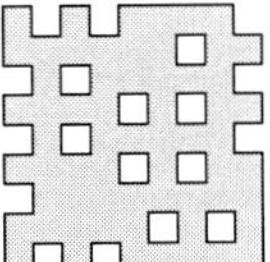

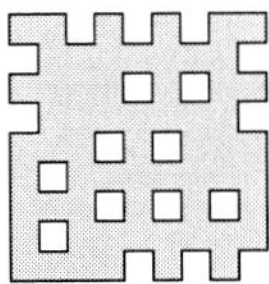

Chiffrier-Schablone:

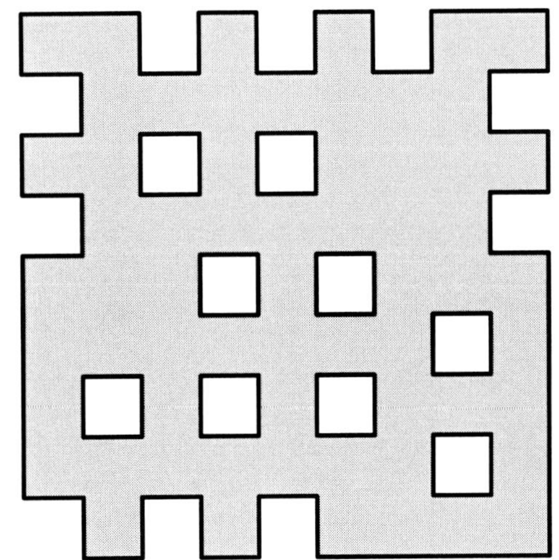

a)

S	O	P	H	I	M	R	A	O
L	C	D	H	P	M	R	O	W
A	N	H	E	J	S	L	V	E
C	B	D	Y	I	U	M	T	B
R	X	L	E	U	R	K	X	E
B	A	I	W	N	S	N	M	E
E	S	N	N	E	A	S	P	O
I	G	R	Y	W	F	U	I	N
G	W	S	I	A	E	M	N	B

machedirkeinesorgen
spionesterbeneinsam

b)

A	S	W	E	I	B	R	C	T
H	D	G	F	E	I	Z	F	E
E	J	I	H	L	A	F	K	N
E	C	L	O	T	D	E	B	N
S	X	T	D	P	E	H	X	A
K	I	A	Y	M	Z	E	F	B
N	B	G	N	O	E	C	R	D
E	F	H	W	G	T	J	A	I
O	U	D	F	R	M	A	P	U

setzeintestamentauf
wirhelfendeinerfrau

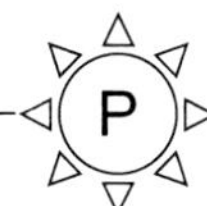

Station 14

Verschlüsseln mit Chiffrier-Schablonen (2)

Eine spezielle Schablone ermöglicht es, ein Quadrat mit einer geraden Anzahl von Zeilen und Spalten so mit Buchstaben auszufüllen, dass alle Felder ausgefüllt werden können. Man legt die Schablone auf und trägt den Klartext buchstabenweise in die offenen Felder. Dann dreht man die Schablone um 90° im Uhrzeigersinn und trägt die nächsten Buchstaben ein. Das macht man noch zweimal so, bis alle Felder des Quadrates beschrieben sind. Bei längeren Texten legt man ein weiteres Quadrat gleicher Größe an. Sollten noch Felder übrig bleiben, ergänzt man sie mit Füllbuchstaben.

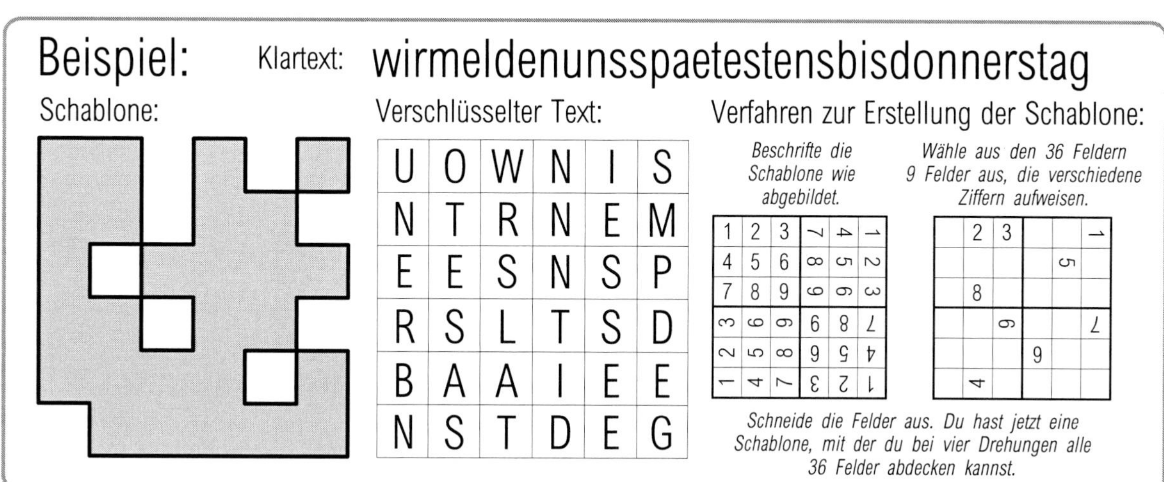

Aufgabe 1

Schneidet die Chiffrier-Schablone aus und entschlüsselt die versteckte Botschaft. Legt die Schablone wie oben beschrieben auf.

Chiffrier-Schablone:

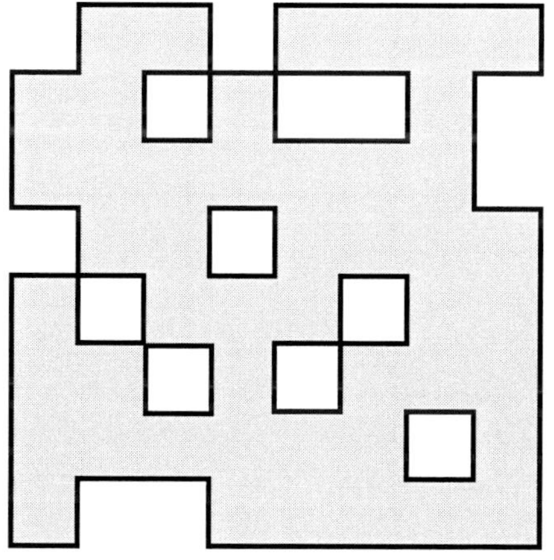

L	T	R	E	R	O	B	N
G	A	R	E	N	E	E	N
G	I	E	L	B	D	N	I
S	T	M	T	D	M	A	E
A	W	N	N	N	I	S	A
U	Z	E	T	R	U	R	R
F	O	H	O	U	E	U	E
C	D	E	K	R	M	S	T

Aufgabe 2

Benutzt die Chiffrier-Schablone von Aufgabe 1 und verschlüsselt den Klartext entsprechend.

esgibtmehrdingeimhimmelundauferdenals eureschulweisheitsichträumt

William Shakespeare

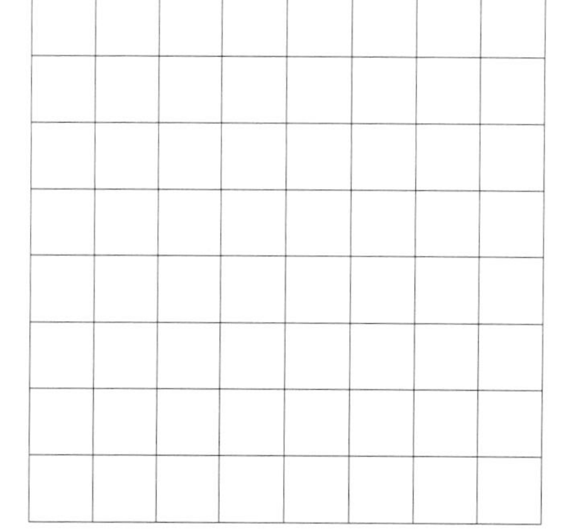

Stationenlernen Geheimschriften / TOP SECRET! – Best.-Nr. 11 752
KOHL VERLAG

Station 14

Verschlüsseln mit Chiffrier-Schablonen (2)

Eine spezielle Schablone ermöglicht es, ein Quadrat mit einer geraden Anzahl von Zeilen und Spalten so mit Buchstaben auszufüllen, dass alle Felder ausgefüllt werden können. Man legt die Schablone auf und trägt den Klartext buchstabenweise in die offenen Felder. Dann dreht man die Schablone um 90° im Uhrzeigersinn und trägt die nächsten Buchstaben ein. Das macht man noch zweimal so, bis alle Felder des Quadrates beschrieben sind. Bei längeren Texten legt man ein weiteres Quadrat gleicher Größe an. Sollten noch Felder übrig bleiben, ergänzt man sie mit Füllbuchstaben.

Aufgabe 1

Schneidet die Chiffrier-Schablone aus und entschlüsselt die versteckte Botschaft. Legt die Schablone wie oben beschrieben auf.

Chiffrier-Schablone:

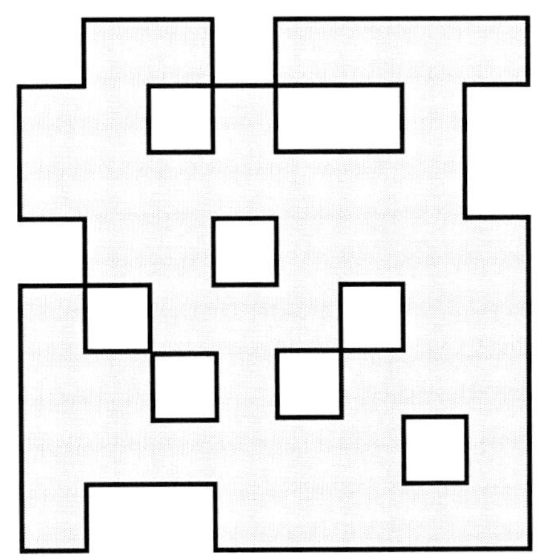

L	T	R	E	R	O	B	N
G	A	R	E	N	E	E	N
G	I	E	L	B	D	N	I
S	T	M	T	D	M	A	E
A	W	N	N	N	I	S	A
U	Z	E	T	R	U	R	R
F	O	H	O	U	E	U	E
C	D	E	K	R	M	S	T

lernenistwieruderngegendenstrom
sobaldmanaufhoerttreibtmanzurueck

Aufgabe 2

Benutzt die Chiffrier-Schablone von Aufgabe 1 und verschlüsselt den Klartext entsprechend.

esgibtmehrdingeimhimmelundauferdenals
eureschulweisheitsichträumt

William Shakespeare

E	I	S	S	M	E	N	H
I	A	G	M	I	B	H	T
M	E	E	L	I	S	L	M
E	T	E	H	U	S	U	N
I	R	D	C	R	D	A	E
S	I	I	U	N	T	F	R
C	E	H	U	Ä	L	G	U
M	E	I	T	W	R	D	E

Station 15

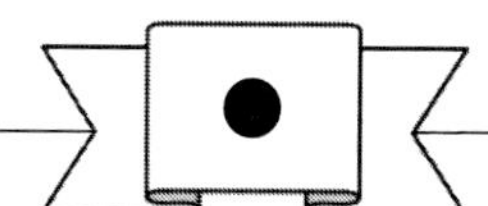

Versteckte Nachrichten in Briefen (1)

Eine gute Geheimschrift wird den Inhalt einer Botschaft erfolgreich vor jemandem verstecken, der sie abfängt. Es lässt sich aber nicht die Tatsache leugnen, dass es sich um etwas handelt, das nicht jeder sehen soll. Manchmal ist es aber von größter Wichtigkeit, keinen Verdacht aufkommen zu lassen, dass es sich um eine geheime Botschaft handelt. Spione, die sich technischer Hilfen bedienen können, versenden Mikropunkte. Das sind Photographien von geheimen Botschaften, die auf die Größe eines Punktes reduziert wurden. Das sie aussehen wie der Punkt, den man mit einer Schreibmaschine oder einem Computer schreibt, können sie problemlos in harmlosen Briefen verschickt werden. Man kann aber auch gewisse Teile eines Textes markieren, indem man über oder unter Buchstaben mit einer Nadel ein kleines Loch piekst.

Noch besser ist es, wenn der Sender und Empfänger einer Nachricht vereinbaren, wo die Buchstaben sich befinden sollen. So könnte man z. B. ausmachen, dass die Anfangsbuchstaben aller Wörter eines Briefes – von hinten nach vorn gelesen – die Nachricht ergeben.

Aufgabe 1

Filtert aus dem Brief den Klartext heraus, indem ihr zunächst die Anfangsbuchstaben und dann die letzten Buchstaben jedes Satzes des Brieftextes (ohne Anschrift, Datum, Anrede und Briefschluss) aneinanderfügt.

Hans Spürnase — *20. September 2014*
Bondstraße 007
0815 Heimstadt

Liebe Frieda,

Du wartest sicherlich auf mein Schreiben mit Ungeduld. Es tut mir Leid, aber andere Angelegenheiten duldeten keinen Aufschub. Im Moment kommen die Kunden scharenweise. Neulich verlangte sogar jemand fünfzig Flaschen Cinzano. Habe noch nicht einmal Zeit für meinen geliebten Golfclub. Aber Gott sei Dank bist du ja bald wieder da. Und denk daran: Keine Panik auf der Titanic. Sonst ist hier alles okay, ehrlich. Willi hat mich gestern abend besucht. Ich habe ihm erzählt, du seist am Gardasee. Rechne also damit, dass er dich danach fragt.

Bis bald
Dein Hans

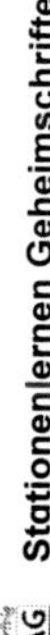

Stationenlernen Geheimschriften / TOP SECRET! – Best.-Nr. 11 752

Station 15

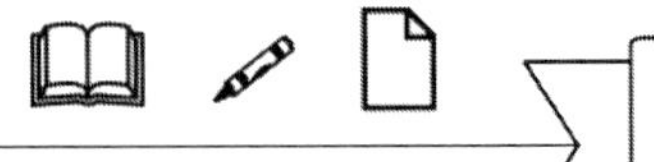 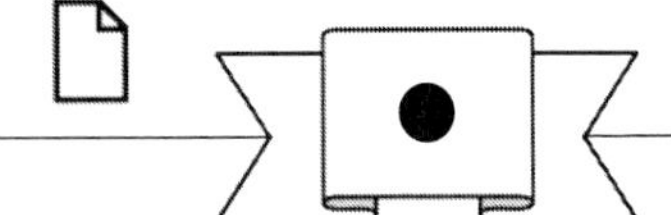

Versteckte Nachrichten in Briefen (1)

Eine gute Geheimschrift wird den Inhalt einer Botschaft erfolgreich vor jemandem verstecken, der sie abfängt. Es lässt sich aber nicht die Tatsache leugnen, dass es sich um etwas handelt, das nicht jeder sehen soll. Manchmal ist es aber von größter Wichtigkeit, keinen Verdacht aufkommen zu lassen, dass es sich um eine geheime Botschaft handelt. Spione, die sich technischer Hilfen bedienen können, versenden Mikropunkte. Das sind Photographien von geheimen Botschaften, die auf die Größe eines Punktes reduziert wurden. Das sie aussehen wie der Punkt, den man mit einer Schreibmaschine oder einem Computer schreibt, können sie problemlos in harmlosen Briefen verschickt werden. Man kann aber auch gewisse Teile eines Textes markieren, indem man über oder unter Buchstaben mit einer Nadel ein kleines Loch piekst.

Noch besser ist es, wenn der Sender und Empfänger einer Nachricht vereinbaren, wo die Buchstaben sich befinden sollen. So könnte man z. B. ausmachen, dass die Anfangsbuchstaben aller Wörter eines Briefes – von hinten nach vorn gelesen – die Nachricht ergeben.

Aufgabe 1

Filtert aus dem Brief den Klartext heraus, indem ihr zunächst die Anfangsbuchstaben und dann die letzten Buchstaben jedes Satzes des Brieftextes (ohne Anschrift, Datum, Anrede und Briefschluss) aneinanderfügt.

Hans Spürnase
Bondstraße 007
0815 Heimstadt

20. September 2014

Liebe Frieda,

Du wartest sicherlich auf mein Schreiben mit Ungeduld. Es tut mir Leid, aber andere Angelegenheiten duldeten keinen Aufschub. Im Moment kommen die Kunden scharenweise. Neulich verlangte sogar jemand fünfzig Flaschen Cinzano. Habe noch nicht einmal Zeit für meinen geliebten Golfclub. Aber Gott sei Dank bist du ja bald wieder da. Und denk daran: Keine Panik auf der Titanic. Sonst ist hier alles okay, ehrlich. Willi hat mich gestern abend besucht. Ich habe ihm erzählt, du seist am Gardasee. Rechne also damit, dass er dich danach fragt.

Bis bald
Dein Hans

d	e	i	n	h	a	u	s	w	i	r	d	b	e	o	b	a	c	h	t	e	t

KOHL VERLAG Stationenlernen Geheimschriften / TOP SECRET! – Best.-Nr. 11 752

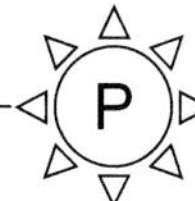

Station 16

Versteckte Nachrichten in Briefen (2)

Eine gute Geheimschrift wird den Inhalt einer Botschaft erfolgreich vor jemandem verstecken, der sie abfängt. Es lässt sich aber nicht die Tatsache leugnen, dass es sich um etwas handelt, das nicht jeder sehen soll. Manchmal ist es aber von größter Wichtigkeit, keinen Verdacht aufkommen zu lassen, dass es sich um eine geheime Botschaft handelt. Spione, die sich technischer Hilfen bedienen können, versenden Mikropunkte. Das sind Photographien von geheimen Botschaften, die auf die Größe eines Punktes reduziert wurden. Das sie aussehen wie der Punkt, den man mit einer Schreibmaschine oder einem Computer schreibt, können sie problemlos in harmlosen Briefen verschickt werden. Man kann aber auch gewisse Teile eines Textes markieren, indem man über oder unter Buchstaben mit einer Nadel ein kleines Loch piekst.

Aufgabe 1

Zwei der Briefe enthalten Botschaften, die sich aus dem ersten und letzten Buchstaben eines jeden Satzes des Brieftextes (ohne Anrede und Briefschluss) zusammensetzen. Bei einem Brief ergibt jeweils das erste Wort jedes Satzes die geheime Mitteilung.

Hallo Ricardo,

was hältst du davon, wenn wir beide uns ein paar schöne Tage machen, am besten in Nizza? Ohne Übertreibung, da ist wirklich der Bär los. Ich schlage vor, wir schwingen uns auf deine Vespa. Sicherlich hast du nichts dagegen, wenn du das Benzin bezahlst, denn in punkto Geld ist es bei mir ziemlich flau. Teile mir bitte schleunigst mit, ob du einverstanden bist. Du wirst mich doch wohl nicht hängen lassen, Ricardo?

Ciao,

Guiseppa

Lieber Roy,

jetzt sind es schon vierzehn Tage, seit du Urlaub hast. Wird es dir nicht zu öde? Es könnte ja sein, dass dir das Nichtstun auf den Senkel geht. Langsam werden auch die Tage länger. Zeit, dass du mal anfängst, etwas zu unternehmen. Für heute will ich aber mit den guten Ratschlägen aufhören. Dich grüßt in alter Frische dein treuer Freund.

Siegfried

Hallo, alter Sportsfreund,

das Halbfinale zwischen Ferder Brahmen und Zwietracht Draunzweig ist ja nun Schnee von gestern und vorbei. Insgesamt muss ich sagen, hatte Ferder der Zwietracht einiges voraus. Es geht wirklich nicht gut, wenn der Trainer solche Flasche wie Franzl Backenhauer ins Tor stellt. Leider ist Backenhauer kein Rudi Böller. Und der wiederum ist mit seinen Nerven völlig am Ende. Für ihn ist es doch das Ende als Profi. Tut er dir auch Leid, weil ihm schon gekündigt wurde vom Verein?

Wir sehen uns beim Finale

Dein Cha Bums

Aufgabe 2

Versucht doch mal, einen Brief mit der folgenden Mitteilung zu schreiben: cafezumhenkerfreitag

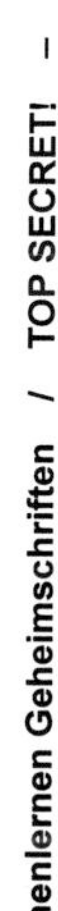

Station 16

Versteckte Nachrichten in Briefen (2)

Eine gute Geheimschrift wird den Inhalt einer Botschaft erfolgreich vor jemandem verstecken, der sie abfängt. Es lässt sich aber nicht die Tatsache leugnen, dass es sich um etwas handelt, das nicht jeder sehen soll. Manchmal ist es aber von größter Wichtigkeit, keinen Verdacht aufkommen zu lassen, dass es sich um eine geheime Botschaft handelt. Spione, die sich technischer Hilfen bedienen können, versenden Mikropunkte. Das sind Photographien von geheimen Botschaften, die auf die Größe eines Punktes reduziert wurden. Das sie aussehen wie der Punkt, den man mit einer Schreibmaschine oder einem Computer schreibt, können sie problemlos in harmlosen Briefen verschickt werden. Man kann aber auch gewisse Teile eines Textes markieren, indem man über oder unter Buchstaben mit einer Nadel ein kleines Loch piekst.

Aufgabe 1

Zwei der Briefe enthalten Botschaften, die sich aus dem ersten und letzten Buchstaben eines jeden Satzes des Brieftextes (ohne Anrede und Briefschluss) zusammensetzen. Bei einem Brief ergibt jeweils das erste Wort jedes Satzes die geheime Mitteilung.

Hallo Ricardo,

was hältst du davon, wenn wir beide uns ein paar schöne Tage machen, am besten in Nizza? Ohne Übertreibung, da ist wirklich der Bär los. Ich schlage vor, wir schwingen uns auf deine Vespa. Sicherlich hast du nichts dagegen, wenn du das Benzin bezahlst, denn in punkto Geld ist es bei mir ziemlich flau. Teile mir bitte schleunigst mit, ob du einverstanden bist. Du wirst mich doch wohl nicht hängen lassen, Ricardo?

Ciao,

Guiseppa

woistdasauto

Lieber Roy,

jetzt sind es schon vierzehn Tage, seit du Urlaub hast. Wird es dir nicht zu öde? Es könnte ja sein, dass dir das Nichtstun auf den Senkel geht. Langsam werden auch die Tage länger. Zeit, dass du mal anfängst, etwas zu unternehmen. Für heute will ich aber mit den guten Ratschlägen aufhören. Dich grüßt in alter Frische dein treuer Freund.

Siegfried

jetztwirdeslangsamzeitfürdich

Hallo, alter Sportsfreund,

das Halbfinale zwischen Ferder Brahmen und Zwietracht Draunzweig ist ja nun Schnee von gestern und vorbei. Insgesamt muss ich sagen, hatte Ferder der Zwietracht einiges voraus. Es geht wirklich nicht gut, wenn der Trainer solche Flasche wie Franzl Backenhauer ins Tor stellt. Leider ist Backenhauer kein Rudi Böller. Und der wiederum ist mit seinen Nerven völlig am Ende. Für ihn ist es doch das Ende als Profi. Tut er dir auch Leid, weil ihm schon gekündigt wurde vom Verein?

Wir sehen uns beim Finale

Dein Cha Bums

dieluftistrein

Aufgabe 2

Versucht doch mal, einen Brief mit der folgenden Mitteilung zu schreiben: cafezumhenkerfreitag

KOHL VERLAG Stationenlernen Geheimschriften / TOP SECRET! – Best.-Nr. 11 752

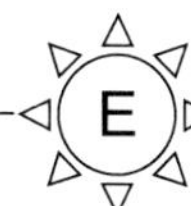

Station 17

Zur Information: Wissenwertes zu Drehscheiben

Leon Battista Alberti lebte von 1404 bis 1472 in Italien. Er war einer der talentiertesten Menschen der italienischen Renaissance. Er schrieb diverse Fachbücher, kunsttheoretische Traktate und mathematische Abhandlungen.
Er war langjähriger Angestellter der päpstlichen Kanzlei und das Thema Verschlüsselung war ein Thema, über das er häufig mit dem Geheimsekretär des Papstes sprach.
Er erfand ein einfaches Gerät zum Verschlüsseln von Nachrichten, in dem auf zwei gegeneinander drehbaren Scheiben das Klar- und Geheimtextalphabet standen. Somit konnte man sehr leicht Nachrichten verschlüsseln.
Weil er außerdem noch die Idee hatte, zwei oder mehr Geheimalphabete bei der Verschlüsselung zu verwenden und zwischen diesen hin und her zu wechseln, gilt er als „Vater der modernen Kryptologie".

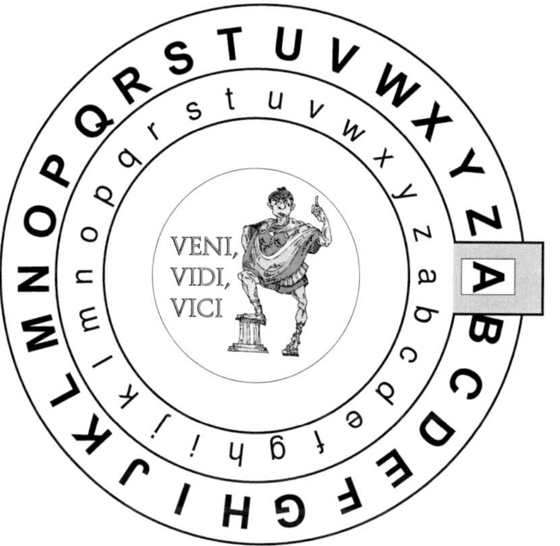

Einen Eindruck von seinem Gerät kannst du dir machen, wenn du dir das Modell der Station 18 bastelst. Man beginnt in der Anfangsstellung so, dass sich auf beiden Seiten die gleichen Buchstaben gegenüberstehen. Verdreht man die innere Klartextscheibe, dann lässt sich sehr schnell der dem Klartextbuchstaben zugehörige Geheimbuchstabe finden.
Das Maschinchen ist nicht nur für Verschlüsselungen nach Cäsars System wichtig, sondern es lässt sich auch für kompliziertere Chiffrierungen benutzen.

Deshalb hat sich die amerikanische Regierungsbehörde National Security Agency (NSA), die sich mit Chiffrierungen befasst und vor einiger Zeit wegen ihrer Abhörmethoden arg in Verruf geraten ist, eine Chiffrierscheibe als Emblem gewählt.

Albertis Drehscheiben wurden durch den deutschen Erfinder Arthur Scherbius weiterentwickelt. Er hatte die Idee, die unzuverlässigen Chiffriersysteme des Ersten Weltkriegs durch ein neues System zu verbessern, indem er die technischen Möglichkeiten des 20. Jahrhunderts nutzte. Scherbius hatte in Hannover und München Elektrotechnik studiert und entwickelt eine kryptographische Maschine, die eigentlich nichts anderes war als eine elektrische Version der Drehscheiben des Leon Battista Alberti.
Seine Maschine nannte er Enigma (*griech.* Rätsel). Geschätzte zweihunderttausend solcher Verschlüsselungsmaschinen wurden in Deutschland gebaut und sie war damit die meistverkaufte Verschlüsselungsmaschine.
Sie wurde zur gefürchtesten Chiffriermaschine der Geschichte, bis es den englischen Mathematikern in ihrem Entschlüsslungszentrum in Bletchley-Park ab 1940 gelang, die Enigma-verschlüsselten Botschaften zu „knacken".

KOHL VERLAG Stationenlernen Geheimschriften / TOP SECRET! – Best.-Nr. 11 752

Station 18

Drehscheibe für Julius Cäsars Geheimschrift

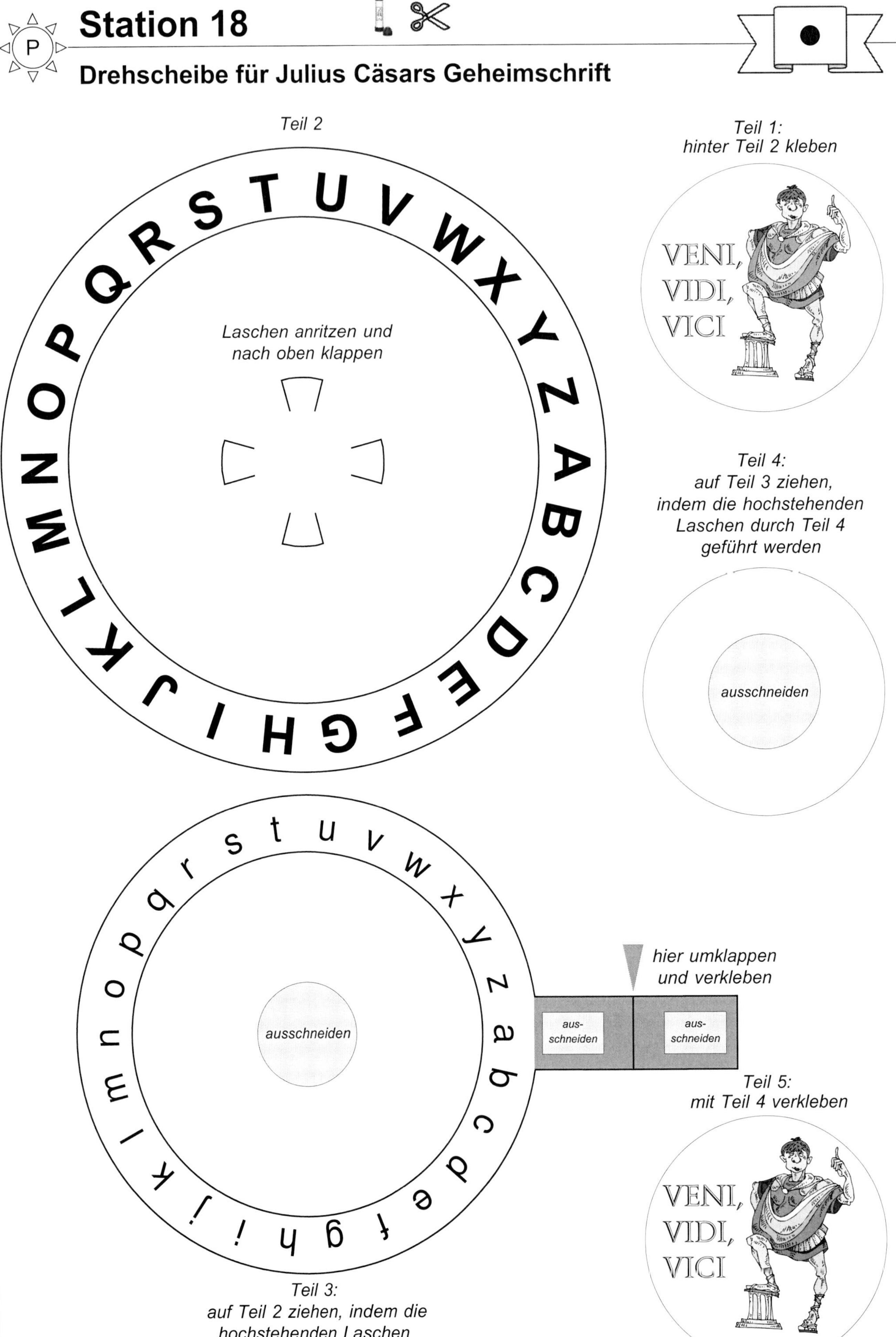

Stationenlernen Geheimschriften / TOP SECRET! – Best.-Nr. 11 752
KOHL VERLAG

Station 19

Julius Cäsars Geheimschrift (2)

Wenn ihr alles richtig gemacht habt,
muss eure Cäsar-Drehscheibe (Station 18)
so aussehen:

Cäsar verschob in seiner Geheimschrift das Alphabet um drei Buchstaben. Weil dabei aus dem Buchstaben a der Buchstabe D wurde, nennt man diese Geheimschrift auch Cäsars D-Alphabet. Euch dürfte allerdings klar sein, dass man weitere 24 verschiedene Geheimschriften erhält, wenn man das Alphabet um 1 Stelle, 2, 4, 5, 6, ..., 25 Stellen verschiebt.
Mit der Drehscheibe des Cäsars erspart man sich das Erstellen von langwierigen Tabellen.

a	b	c	d	e	f	g	h	i	j	k	l	m	n	o	p	q	r	s	t	u	v	w	x	y	z
D	E	F	G	H	I	J	K	L	M	N	O	P	Q	R	S	T	U	V	W	X	Y	Z	A	B	C

Auf der inneren Scheibe befindet sich der Klartext, auf der äußeren Scheibe der verschlüsselte Text. Wenn ihr also den Klartextbuchstaben a durch ein J ersetzen wollt, dann dreht die Klartextscheibe so lange, bis ihr den Buchstaben J in dem kleinen Fensterchen seht. Wenn ihr den Klartext „allespaletti" damit verschlüsselt, erhaltet ihr in Cäsars J-Alphabet „JUUNBGJUNCCR".

Aufgabe 1

Verschlüsselt die Nachrichten mit dem angegebenen Alphabet.

a) caesarbenutzteausschliesslichdasdalphabet — K-Alphabet

b) undverschicktegeheimebotschaften — P-Alphabet

Aufgabe 2

Wisst ihr, was Palindrome sind? Palindrome sind Wörter oder Sätze, die man sowohl vorwärts als auch rückwärts lesen kann. RELIEFPFEILER ist z. B. ein Palindrom. Wie ihr den Geheimbotschaften entnehmen könnt, handelt es sich ausschließlich um Palindrome, was das Entschlüsseln dieser Nachrichten natürlich einfacher macht.

a) IWWEWWMQOENEOQMWWEWWI — E-Alphabet

b) RKUYVGXXGVYUKR — G-Alphabet

c) GHAXAVRRVAXAVRRVAXAHG — N-Alphabet

Stationenlernen Geheimschriften / TOP SECRET! – Best.-Nr. 11 752
KOHL VERLAG

Station 19

!

Julius Cäsars Geheimschrift (2)

Wenn ihr alles richtig gemacht habt,
muss eure Cäsar-Drehscheibe (Station 18)
so aussehen:

Cäsar verschob in seiner Geheimschrift das Alphabet um drei Buchstaben. Weil dabei aus dem Buchstaben a der Buchstabe D wurde, nennt man diese Geheimschrift auch Cäsars D-Alphabet. Euch dürfte allerdings klar sein, dass man weitere 24 verschiedene Geheimschriften erhält, wenn man das Alphabet um 1 Stelle, 2, 4, 5, 6, ..., 25 Stellen verschiebt.
Mit der Drehscheibe des Cäsars erspart man sich das Erstellen von langwierigen Tabellen.

a	b	c	d	e	f	g	h	i	j	k	l	m	n	o	p	q	r	s	t	u	v	w	x	y	z
D	E	F	G	H	I	J	K	L	M	N	O	P	Q	R	S	T	U	V	W	X	Y	Z	A	B	C

Auf der inneren Scheibe befindet sich der Klartext, auf der äußeren Scheibe der verschlüsselte Text. Wenn ihr also den Klartextbuchstaben a durch ein J ersetzen wollt, dann dreht die Klartextscheibe so lange, bis ihr den Buchstaben J in dem kleinen Fensterchen seht. Wenn ihr den Klartext „allespaletti" damit verschlüsselt, erhaltet ihr in Cäsars J-Alphabet „JUUNBGJUNCCR".

Aufgabe 1

Verschlüsselt die Nachrichten mit dem angegebenen Alphabet.

a) caesarbenutzteausschliesslichdasdalphabet — K-Alphabet
MKOCKBLOXEDJDOKECCMRVSOCCVSMRNKCNKVZRKLOD

b) undverschicktegeheimebotschaften — P-Alphabet
JCSKTGHRWXRZITVTWTXBTQDIHRWPUITC

Aufgabe 2

Wisst ihr, was Palindrome sind? Palindrome sind Wörter oder Sätze, die man sowohl vorwärts als auch rückwärts lesen kann. RELIEFPFEILER ist z. B. ein Palindrom. Wie ihr den Geheimbotschaften entnehmen könnt, handelt es sich ausschließlich um Palindrome, was das Entschlüsseln dieser Nachrichten natürlich einfacher macht.

a) IWWEWWMQOENEOQMWWEWWI — E-Alphabet
essassimkajakmissasse

b) RKUYVGXXGVYUKR — G-Alphabet
leosparrapsoel

c) GHAXAVRRVAXAVRRVAXAHG — N-Alphabet
tunknieeinknieeinknut

Stationenlernen Geheimschriften / TOP SECRET! – Best.-Nr. 11 752

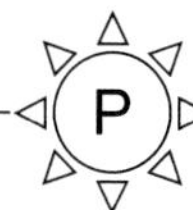

Station 20

Cäsar mit Schlüsselwort

Mithilfe der Drehscheiben lassen sich 25 verschiedene Geheimschriften erzeugen. Wenn man allerdings beliebige Umstellungen des Klartextalphabets zulässt, dann ergeben sich genau 26! = 403 291 461 126 605 635 584 000 000 Möglichkeiten.
Wird eine einfache Cäsar-Verschlüsselung gewählt, dann ist es für einen „Codeknacker" ein Leichtes, alle möglichen 25 Schlüssel durchzuprobieren. Wählt man jedoch eine beliebige Neuanordnung des Klartextalphabets, dann ist es unmöglich, die 403 291 461 126 605 635 584 000 000 Schlüssel durchzuprobieren. Allerdings hat die Methode einen Nachteil, Sender und Empfänger müssen sich auf einen Schlüssel einigen. Je einfacher sich der Schlüssel merken lässt, umso geringer sind Missverständnisse möglich. Das geht am besten mit einem Schlüsselwort, auf das sich Sender und Empfänger einigen. Allerdings ergibt sich daraus eine Verringerung der Zahl möglicher Schlüssel.

Beispiel 1

Schlüsselwort: TOPSECRET

In einem ersten Schritt entfernt man Buchstaben, die doppelt sind: TOPSECR

Die restliche Buchstabenfolge ist ein verschobenes Alphabet, das dort beginnt, wo das Schlüsselwort endet.

a	b	c	d	e	f	g	h	i	j	k	l	m	n	o	p	q	r	s	t	u	v	w	x	y	z
T	O	P	S	E	C	R	U	V	W	X	Y	Z	A	B	D	F	G	H	I	J	K	L	M	N	Q

Beispiel 2

Schlüsselwort: HERINGSSALAT

Man entfernt die Buchstaben, die doppelt sind: HERINGSALT

a	b	c	d	e	f	g	h	i	j	k	l	m	n	o	p	q	r	s	t	u	v	w	x	y	z
H	E	R	I	N	G	S	A	L	T	U	V	W	X	Y	Z	B	C	D	F	J	K	M	O	P	Q

Aufgabe 1

Verschlüsselt die Nachrichten mit dem Schlüsselwort TOPSECRET

a) allesimgruenenbereich

b) dergesamtebereichistsicher

Aufgabe 2

Verschlüsselt die Nachrichten mit dem Schlüsselwort HERINGSSALAT

a) diesituationistbrenzlig

b) alleshoertaufmeinkommando

Aufgabe 3

Entschlüsselt die Nachricht mit dem Schlüsselwort TOPSECRET

a) ZTPUIEJPUTYYEKBZTPXEG

b) OEAJIQISEATYIEAYTASGBKEG

Aufgabe 4

Entschlüsselt die Nachricht mit dem Schlüsselwort HERINGSSALAT

a) AHVFNFNJRAXLRAFLXVYXIYXHJG

b) FCNGGNXLXINCEHCQJWANXUNC

Station 20

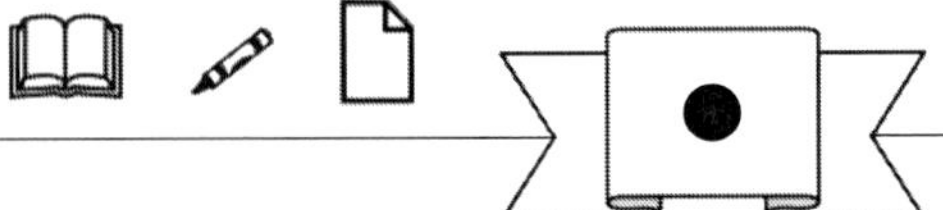

Cäsar mit Schlüsselwort

Mithilfe der Drehscheiben lassen sich 25 verschiedene Geheimschriften erzeugen. Wenn man allerdings beliebige Umstellungen des Klartextalphabets zulässt, dann ergeben sich genau 26! = 403 291 461 126 605 635 584 000 000 Möglichkeiten.
Wird eine einfache Cäsar-Verschlüsselung gewählt, dann ist es für einen „Codeknacker" ein Leichtes, alle möglichen 25 Schlüssel durchzuprobieren. Wählt man jedoch eine beliebige Neuanordnung des Klartextalphabets, dann ist es unmöglich, die 403 291 461 126 605 635 584 000 000 Schlüssel durchzuprobieren. Allerdings hat die Methode einen Nachteil, Sender und Empfänger müssen sich auf einen Schlüssel einigen. Je einfacher sich der Schlüssel merken lässt, umso geringer sind Missverständnisse möglich. Das geht am besten mit einem Schlüsselwort, auf das sich Sender und Empfänger einigen. Allerdings ergibt sich daraus eine Verringerung der Zahl möglicher Schlüssel.

Beispiel 1

Schlüsselwort: TOPSECRET

In einem ersten Schritt entfernt man Buchstaben, die doppelt sind: TOPSECR

Die restliche Buchstabenfolge ist ein verschobenes Alphabet, das dort beginnt, wo das Schlüsselwort endet.

a	b	c	d	e	f	g	h	i	j	k	l	m	n	o	p	q	r	s	t	u	v	w	x	y	z
T	O	P	S	E	C	R	U	V	W	X	Y	Z	A	B	D	F	G	H	I	J	K	L	M	N	Q

Beispiel 2

Schlüsselwort: HERINGSSALAT

Man entfernt die Buchstaben, die doppelt sind: HERINGSALT

a	b	c	d	e	f	g	h	i	j	k	l	m	n	o	p	q	r	s	t	u	v	w	x	y	z
H	E	R	I	N	G	S	A	L	T	U	V	W	X	Y	Z	B	C	D	F	J	K	M	O	P	Q

Aufgabe 1

Verschlüsselt die Nachrichten mit dem Schlüsselwort TOPSECRET

a) allesimgruenenbereich — TYYEHVZRGJEAEAOEGEVPU

b) dergesamtebereichistsicher — SEGREHTZIEOEGEVPUVHIHVPUEG

Aufgabe 2

Verschlüsselt die Nachrichten mit dem Schlüsselwort HERINGSSALAT

a) diesituationistbrenzlig — ILNDLFJHFLYXLDFECNXQVLS

b) alleshoertaufmeinkommando — HVVNDAYNCFHJGWNLXUYWWHXIY

Aufgabe 3

Entschlüsselt die Nachricht mit dem Schlüsselwort TOPSECRET

a) ZTPUIEJPUTYYEKBZTPXEG — machteuchallevomacker

b) OEAJIQISEATYIEAYTASGBKEG — benutztdenaltenlandrover

Aufgabe 4

Entschlüsselt die Nachricht mit dem Schlüsselwort HERINGSSALAT

a) AHVFNFNJRAXLRAFLXVYXIYXHJG — halteteuchnichtinlondonauf

b) FCNGGNXLXINCEHCQJWANXUNC — treffeninderbarzumhenker

KOHL VERLAG Stationenlernen Geheimschriften / TOP SECRET! – Best.-Nr. 11 752

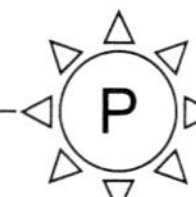

Station 21

Wie knackt man einen einfachen Cäsar? (1)

Das ist ganz einfach. Man probiert 25 Schlüssel aus und kommt irgendwann einmal zum Klartext. Wem das zu lange dauert, dem kann ein anderer Weg empfohlen werden. Die Idee zu diesem anderen Weg hatten die Araber schon im neunten Jahrhundert. Ein Gelehrter namens Al-Kindi schrieb damals eine „Abhandlung über die Entzifferung kryptographischer Botschaften", in der er beschrieb, wie man über die Häufigkeit einzelner Buchstaben eine verschlüsselte Botschaft „knacken" kann.

Für Texte in deutscher Sprache stellt man fest, dass der Buchstabe e mit 17,98 % am häufigsten vertreten ist. Dann folgt das n mit 11,06 %.
Verschlüsselt man einen Text mit einem einfachen Cäsar, dann wird das e des Klartextes immer durch denselben Geheimtextbuchstaben ersetzt. Das könnte zum Beispiel der Buchstabe m sein. Dann ist aber auch m der Buchstabe, der im Geheimtext mit Abstand am häufigsten vorkommt.

Aufgabe 1

Mit welcher einfachen Cäsar-Verschlüsselung wurde gearbeitet? Das findet ihr heraus, wenn ihr mithilfe einer Strichliste feststellt, welcher Buchstabe am häufigsten vorkommt. Stellt diesen Buchstaben auf den Buchstaben e des Klartextes der Drehscheibe (Station 18). Ihr wisst dann, welcher Schlüssel gewählt wurde und könnt die Nachricht schnell entschlüsseln.

Q K I I U H T U C M Q H T E D D U H I J Q W E D A U B H Y D W U B X K

J X X Q J J U I U Y D U D D U V V U D A E D H Q T L E D T U H I S X K

B U Q R W U X E B J K D T Z U J P J B Y U V U D R U Y T U T Y U W B Q

S Y I I J H Q I I U U D J B Q D W A E D H Q T I Q X R U A K U C C U H

J Q K I T U H E D A U B C U H A J U D Y S X J I T Q L E D I E D T U H

D V H U K J U I Y S X Q K V I C Y J J Q W U I I U D

A B C D E F G H I J K L M N O P Q R S T U V W X Y Z

Stationenlernen Geheimschriften / TOP SECRET! – Best.-Nr. 11 752

KOHL VERLAG

Station 21

Wie knackt man einen einfachen Cäsar? (1)

Das ist ganz einfach. Man probiert 25 Schlüssel aus und kommt irgendwann einmal zum Klartext. Wem das zu lange dauert, dem kann ein anderer Weg empfohlen werden. Die Idee zu diesem anderen Weg hatten die Araber schon im neunten Jahrhundert. Ein Gelehrter namens Al-Kindi schrieb damals eine „Abhandlung über die Entzifferung kryptographischer Botschaften", in der er beschrieb, wie man über die Häufigkeit einzelner Buchstaben eine verschlüsselte Botschaft „knacken" kann.

Für Texte in deutscher Sprache stellt man fest, dass der Buchstabe e mit 17,98 % am häufigsten vertreten ist. Dann folgt das n mit 11,06 %.
Verschlüsselt man einen Text mit einem einfachen Cäsar, dann wird das e des Klartextes immer durch denselben Geheimtextbuchstaben ersetzt. Das könnte zum Beispiel der Buchstabe m sein. Dann ist aber auch m der Buchstabe, der im Geheimtext mit Abstand am häufigsten vorkommt.

Aufgabe 1

Mit welcher einfachen Cäsar-Verschlüsselung wurde gearbeitet? Das findet ihr heraus, wenn ihr mithilfe einer Strichliste feststellt, welcher Buchstabe am häufigsten vorkommt. Stellt diesen Buchstaben auf den Buchstaben e des Klartextes der Drehscheibe. Ihr wisst dann, welcher Schlüssel gewählt wurde und könnt die Nachricht schnell entschlüsseln.

Q K I I U H T U C M Q H T E D D U H I J Q W E D A U B H Y D W U B X K

J X X Q J J U I U Y D U D D U V V U D A E D H Q T L E D T U H I S X K

B U Q R W U X E B J K D T Z U J P J B Y U V U D R U Y T U T Y U W B Q

S Y I I J H Q I I U U D J B Q D W A E D H Q T I Q X R U A K U C C U H

J Q K I T U H E D A U B C U H A J U D Y S X J I T Q L E D I E D T U H

D V H U K J U I Y S X Q K V I C Y J J Q W U I I U D

A	B	C	D	E	F	G	H	I	J	K	L	M	N	O	P	Q	R	S	T	U	V	W	X	Y	Z
6	8	5	21	9	0	0	13	17	15	8	2	1	0	0	1	15	3	4	11	33	5	6	8	9	1

Es handelt sich um das Cäsar Q-Alphabet.

a u s s e r d e m w a r d o n n e r s t a g o n k e l r i n g e l h u
t h h a t t e s e i n e n n e f f e n k o n r a d v o n d e r s c h u
l e a b g e h o l t u n d j e t z t l i e f e n b e i d e d i e g l a
c i s s t r a s s e e n t l a n g k o n r a d s a h b e k u e m m e r
t a u s d e r o n k e l m e r k t e n i c h t s d a v o n s o n d e r
n f r e u t e s i c h a u f s m i t t a g e s s e n

Außerdem war Donnerstag. Onkel Ringelhuth hatte seinen Neffen Konrad von der Schule abgeholt, und jetzt liefen beide die Glacisstraße entlang. Konrad sah bekümmert aus. Der Onkel merkte nichts davon, sondern freute sich aufs Mittagessen.

Aus: Erich Kästner, Der 35. Mai

Stationenlernen Geheimschriften / TOP SECRET! – Best.-Nr. 11 752

Station 22

Wie knackt man einen einfachen Cäsar? (2)

Das ist ganz einfach. Man probiert 25 Schlüssel aus und kommt irgendwann einmal zum Klartext. Wem das zu lange dauert, dem kann ein anderer Weg empfohlen werden. Die Idee zu diesem anderen Weg hatten die Araber schon im neunten Jahrhundert. Ein Gelehrter namens Al-Kindi schrieb damals eine „Abhandlung über die Entzifferung kryptographischer Botschaften", in der er beschrieb, wie man über die Häufigkeit einzelner Buchstaben eine verschlüsselte Botschaft „knacken" kann.

Für Texte in deutscher Sprache stellt man fest, dass der Buchstabe e mit 17,98 % am häufigsten vertreten ist. Dann folgt das n mit 11,06 %. Verschlüsselt man einen Text mit einem einfachen Cäsar, dann wird das e des Klartextes immer durch denselben Geheimtextbuchstaben ersetzt. Das könnte zum Beispiel der Buchstabe m sein. Dann ist aber auch m der Buchstabe, der im Geheimtext mit Abstand am häufigsten vorkommt. In der englischen Sprache sieht es etwas anders aus. Da taucht der Buchstabe e mit einer Häufigkeit von 12,7 % auf, gefolgt vom Buchstaben a mit 8,2 %.

Aufgabe 1

Mit welcher einfachen Cäsar-Verschlüsselung wurde ein englischer Text bearbeitet? Das findet ihr heraus, wenn ihr mithilfe einer Strichliste feststellt, welcher Buchstabe am häufigsten vorkommt. Stellt diesen Buchstaben auf den Buchstaben e des Klartextes der Drehscheibe. Ihr wisst dann vielleicht, welcher Schlüssel gewählt wurde. Ansonsten müsstet ihr es mit dem Buchstaben a versuchen.

T E H L D L R W Z C T Z F D X Z C Y T Y R W L E P D A C T Y R Z C P L

C W J D F X X P C L D J Z F N L C P E Z E L V P T E H S P Y E S P O L

T Y E J D S P P Y Z Q R C L D D L Y O W P L Q T D M W F D S T Y R E Z

L O P P A P C R C P P Y L Y O E S P J P L C D P P X D W T V P L Q L T

C J Z F Y R X L T O E C P X M W T Y R H T E S D E C L Y R P H L V P Y

T Y R A F W D P D Z Y E S P M C T Y V Z Q H Z X L Y S Z Z O

A	B	C	D	E	F	G	H	I	J	K	L	M	N	O	P	Q	R	S	T	U	V	W	X	Y	Z

Stationenlernen Geheimschriften / TOP SECRET! – Best.-Nr. 11 752

Station 22

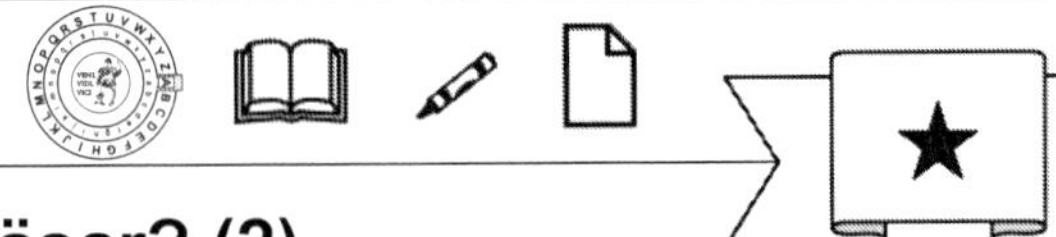

Wie knackt man einen einfachen Cäsar? (2)

Das ist ganz einfach. Man probiert 25 Schlüssel aus und kommt irgendwann einmal zum Klartext. Wem das zu lange dauert, dem kann ein anderer Weg empfohlen werden. Die Idee zu diesem anderen Weg hatten die Araber schon im neunten Jahrhundert. Ein Gelehrter namens Al-Kindi schrieb damals eine „Abhandlung über die Entzifferung kryptographischer Botschaften", in der er beschrieb, wie man über die Häufigkeit einzelner Buchstaben eine verschlüsselte Botschaft „knacken" kann.

Für Texte in deutscher Sprache stellt man fest, dass der Buchstabe e mit 17,98 % am häufigsten vertreten ist. Dann folgt das n mit 11,06 %. Verschlüsselt man einen Text mit einem einfachen Cäsar, dann wird das e des Klartextes immer durch denselben Geheimtextbuchstaben ersetzt. Das könnte zum Beispiel der Buchstabe m sein. Dann ist aber auch m der Buchstabe, der im Geheimtext mit Abstand am häufigsten vorkommt. In der englischen Sprache sieht es etwas anders aus. Da taucht der Buchstabe e mit einer Häufigkeit von 12,7 % auf, gefolgt vom Buchstaben a mit 8,2 %.

Aufgabe 1

Mit welcher einfachen Cäsar-Verschlüsselung wurde ein englischer Text bearbeitet? Das findet ihr heraus, wenn ihr mithilfe einer Strichliste feststellt, welcher Buchstabe am häufigsten vorkommt. Stellt diesen Buchstaben auf den Buchstaben e des Klartextes der Drehscheibe. Ihr wisst dann vielleicht, welcher Schlüssel gewählt wurde. Ansonsten müsstet ihr es mit dem Buchstaben a versuchen.

T E H L D L R W Z C T Z F D X Z C Y T Y R W L E P D A C T Y R Z C P L
C W J D F X X P C L D J Z F N L C P E Z E L V P T E H S P Y E S P O L
T Y E J D S P P Y Z Q R C L D D L Y O W P L Q T D M W F D S T Y R E Z
L O P P A P C R C P P Y L Y O E S P J P L C D P P X D W T V P L Q L T
C J Z F Y R X L T O E C P X M W T Y R H T E S D E C L Y R P H L V P Y
T Y R A F W D P D Z Y E S P M C T Y V Z Q H Z X L Y S Z Z O

A	B	C	D	E	F	G	H	I	J	K	L	M	N	O	P	Q	R	S	T	U	V	W	X	Y	Z
3	0	15	15	13	6	0	5	0	5	0	20	3	1	6	25	4	10	8	15	0	4	8	7	18	14

Es handelt sich um das Cäsar L-Alphabet.

i t w a s a g l o r i o u s m o r n i n g l a t e s p r i n g o r e a
r l y s u m m e r a s y o u c a r e t o t a k e i t w h e n t h e d a
i n t y s h e e n o f g r a s s a n d l e a f i s b l u s h i n g t o
a d e e p e r g r e e n a n d t h e y e a r s e e m s l i k e a f a i
r y o u n g m a i d t r e m b l i n g w i t h s t r a n g e w a k e n
i n g p u l s e s o n t h e b r i n k o f w o m a n h o o d

It was a glorious morning, late spring or early summer, as you care to take it, when the dainty sheen of grass and leaf is blushing to a deeper green; and the year seems like a fair young maid, trembling with strange, wakening pulses on the brink of womanhood.

Aus: Jerome K. Jerome, Three men in a boat

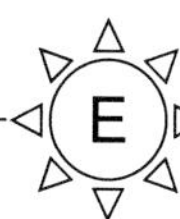

Station 23

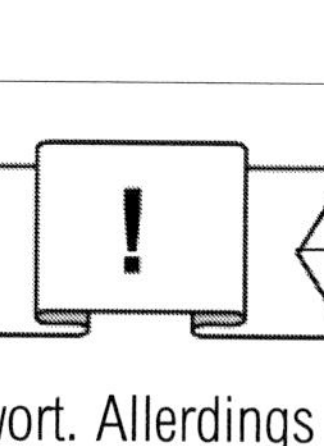

Wie knackt man einen Cäsar mit Schlüsselwort? (1)

Über die Häufigkeitsanalyse gelingt auch die Entschlüsselung eines Cäsars mit Schlüsselwort. Allerdings muss man dazu die Häufigkeit aller Buchstaben untersuchen. Das ist etwas langwierig und man braucht sehr viel Geduld. Daher soll an einem Beispiel gezeigt werden, wie man vorzugehen hat. Zunächst muss man die Häufigkeit kennen, mit der einzelne Buchstaben in Texten durchschnittlich vorkommen.

Buchstabe	Häufigkeit	Buchstabe	Häufigkeit	Buchstabe	Häufigkeit	Buchstabe	Häufigkeit	Buchstabe	Häufigkeit	Buchstabe	Häufigkeit	Buchstabe	Häufigkeit
e	17,4 %	r	7,00 %	h	4,76 %	g	3,01 %	w	1,89 %	p	0,79 %	x	0,03 %
n	9,78 %	a	6,51 %	u	4,35 %	m	2,53 %	f	1,66 %	v	0,67 %	q	0,02 %
i	7,55 %	t	6,15 %	l	3,44 %	o	2,51 %	k	1,21 %	j	0,27 %		
s	7,27 %	d	5,08 %	c	3,06 %	b	1,89 %	z	1,13 %	y	0,04 %		

Die häufigsten Buchstabenpaare in der deutschen Sprache:

en	er	ch	te	de	nd	ei	ie	in	es
3,88 %	3,75 %	2,75 %	2,26 %	2,00 %	1,99 %	1,88 %	1,79 %	1,67 %	1,52 %

nach: A. Beutelspacher, Kryptologie

Geheimtext:

U Q H N A T Q N U A U J I P U V Q U O N J D U R U G I P V Q F U A U J
Q N U A U J E P T C U J D U R U E P T C U S P U J H T Q N U A U J G P
U V Q U W K J R U J U J X N U R U O V G D U R U Q N U A U J E K O J P
U I O U J H U S O U Q Q U J I P T D U R U P U I O U L O K R V C N U O
T Q N U A U J Q P G U J W K J X N U W N U F U J R N J H U J N Q T I N
U O N J Q H U Q P G T R N U O U R U

Ermittle die absoluten Häufigkeiten der Buchstaben:

A	B	C	D	E	F	G	H	I	J	K	L	M	N	O	P	Q	R	S	T	U	V	W	X	Y	Z
7	0	3	4	3	2	5	5	6	21	4	1	0	16	10	11	15	10	2	8	50	5	3	2	0	0

Erstelle eine Rangliste.

U	J	N	Q	P	O	R	T	A	I	G	H	V	D	K	C	E	W	F	S	X	L	B	M	Y	Z
50	21	16	15	11	10	10	8	7	6	5	5	5	4	4	3	3	3	2	2	2	1	0	0	0	0

Mit großer Sicherheit kannst du davon ausgehen, dass e mit U und n mit J verschlüsselt wurde. Ersetze also die Geheimschriftbuchstaben durch die Klartextbuchstaben.

e Q H N A T Q N e A e n I P e V Q e O N n D e R e G I P V Q F e A e n
Q N e A e n E P T C e n D e R e E P T C e S P e n H T Q N e A e n G P
e V Q e W K n R e n e n X N e R e O V G D e R e Q N e A e n E K O n P
e I O e n H e S O e Q Q e n I P T D e R e P e I O e L O K R V C N e O
T Q N e A e n Q P G e n W K n X N e W N e F e n R N n H e n N Q T I N
e O N n Q H e Q P G T R N e O e R e

KOHL VERLAG Stationenlernen Geheimschriften / TOP SECRET! – Best.-Nr. 11 752

Station 23

Wie knackt man einen Cäsar mit Schlüsselwort? (1)

Vermutlich wurde das i durch N und s durch Q verschlüsselt.

e	s	H	i	A	T	s	i	e	A	e	n	I	P	e	V	s	e	O	i	n	D	e	R	e	G	I	P	V	s	F	e	A	e	n
s	i	e	A	e	n	E	P	T	C	e	n	D	e	R	e	E	P	T	C	e	S	P	e	n	H	T	s	i	e	A	e	n	G	P
e	V	s	e	W	K	n	R	e	n	e	n	X	i	e	R	e	O	V	G	D	e	R	e	s	i	e	A	e	n	E	K	O	n	P
e	I	O	e	n	H	e	S	O	e	s	s	e	n	I	P	T	D	e	R	e	P	e	I	O	e	L	O	K	R	V	C	i	e	O
T	s	i	e	A	e	n	s	P	G	e	n	W	K	n	X	i	e	W	i	e	F	e	n	R	i	n	H	e	n	i	s	T	I	i
e	O	i	n	s	H	e	s	P	G	T	R	i	e	O	e	R	e																	

Vermutlich wurde das r durch P und a durch O verschlüsselt oder r durch O und a durch P.

1. Möglichkeit:

e	s	H	i	A	T	s	i	e	A	e	n	I	r	e	V	s	e	a	i	n	D	e	R	e	G	I	r	V	s	F	e	A	e	n
s	i	e	A	e	n	E	r	T	C	e	n	D	e	R	e	E	r	T	C	e	S	r	e	n	H	T	s	i	e	A	e	n	G	r
e	V	s	e	W	K	n	R	e	n	e	n	X	i	e	R	e	a	V	G	D	e	R	e	s	i	e	A	e	n	E	K	a	n	r
e	I	a	e	n	H	e	S	a	e	s	s	e	n	I	r	T	D	e	R	e	r	e	I	a	e	L	a	K	R	V	C	i	e	a
T	s	i	e	A	e	n	s	r	G	e	n	W	K	n	X	i	e	W	i	e	F	e	n	R	i	n	H	e	n	i	s	T	I	i
e	a	i	n	s	H	e	s	r	G	T	R	i	e	a	e	R	e																	

2. Möglichkeit:

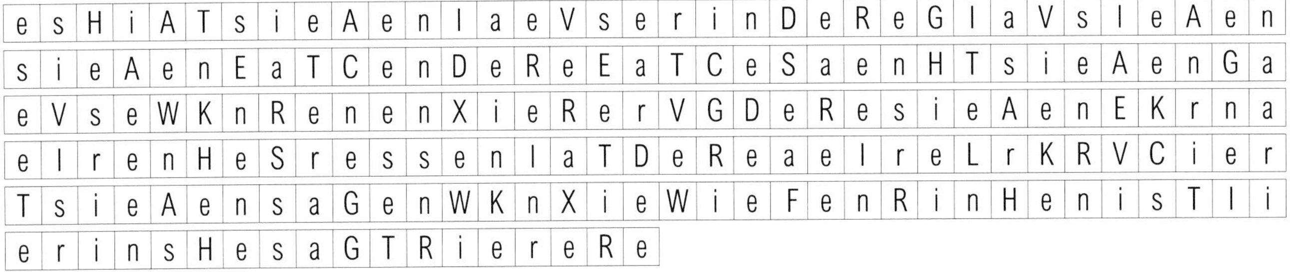

e	s	H	i	A	T	s	i	e	A	e	n	I	a	e	V	s	e	r	i	n	D	e	R	e	G	I	a	V	s	I	e	A	e	n
s	i	e	A	e	n	E	a	T	C	e	n	D	e	R	e	E	a	T	C	e	S	a	e	n	H	T	s	i	e	A	e	n	G	a
e	V	s	e	W	K	n	R	e	n	e	n	X	i	e	R	e	r	V	G	D	e	R	e	s	i	e	A	e	n	E	K	r	n	a
e	I	r	e	n	H	e	S	r	e	s	s	e	n	I	a	T	D	e	R	e	a	e	I	r	e	L	r	K	R	V	C	i	e	r
T	s	i	e	A	e	n	s	a	G	e	n	W	K	n	X	i	e	W	i	e	F	e	n	R	i	n	H	e	n	i	s	T	I	i
e	r	i	n	s	H	e	s	a	G	T	R	i	e	r	e	R	e																	

Machen wir mit der 2. Möglichkeit weiter, weil sie etwas besser aussieht.
Vermutlich wurde das t durch T verschlüsselt.

e	s	H	i	A	t	s	i	e	A	e	n	I	a	e	V	s	e	r	i	n	D	e	R	e	G	I	a	V	s	F	e	A	e	n
s	i	e	A	e	n	E	a	t	C	e	n	D	e	R	e	E	a	t	C	e	S	a	e	n	H	t	s	i	e	A	e	n	G	a
e	V	s	e	W	K	n	R	e	n	e	n	X	i	e	R	e	r	V	G	D	e	R	e	s	i	e	A	e	n	E	K	r	n	a
e	I	r	e	n	H	e	S	r	e	s	s	e	n	I	a	t	D	e	R	e	a	e	I	r	e	L	r	K	R	V	C	i	e	r
t	s	i	e	A	e	n	s	a	G	e	n	W	K	n	X	i	e	W	i	e	F	e	n	R	i	n	H	e	n	i	s	t	I	i
e	r	i	n	s	H	e	s	a	G	t	R	i	e	r	e	R	e																	

Es fällt auf, dass sieAen mehrfach auftaucht. Im Duden findest du sieben, siegen, sieden und sielen.
Wir ersetzen den Geheimtextbuchstaben A durch den Klartextbuchstaben b.

e	s	H	i	b	t	s	i	e	b	e	n	I	a	e	V	s	e	r	i	n	D	e	R	e	G	I	a	V	s	F	e	b	e	n
s	i	e	b	e	n	E	a	t	C	e	n	D	e	R	e	E	a	t	C	e	S	a	e	n	H	t	s	i	e	b	e	n	G	a
e	V	s	e	W	K	n	R	e	n	e	n	X	i	e	R	e	r	V	G	D	e	R	e	s	i	e	b	e	n	E	K	r	n	a
e	I	r	e	n	H	e	S	r	e	s	s	e	n	I	a	t	D	e	R	e	a	e	I	r	e	L	r	K	R	V	C	i	e	r
t	s	i	e	b	e	n	s	a	G	e	n	W	K	n	X	i	e	W	i	e	F	e	n	R	i	n	H	e	n	i	s	t	I	i
e	r	i	n	s	H	e	s	a	G	t	R	i	e	r	e	R	e																	

Vermutlicht beginnt der Text mit „es gibt sieben ...". Also ersetzt man H durch g.

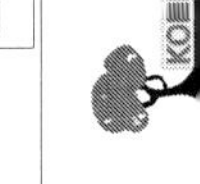

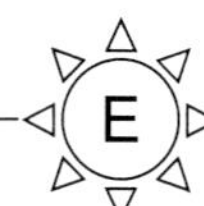

Station 23

Wie knackt man einen Cäsar mit Schlüsselwort? (1)

e	s	g	i	b	t	s	i	e	b	e	n	l	a	e	V	s	e	r	i	n	D	e	R	e	G	l	a	V	s	F	e	b	e	n
s	i	e	b	e	n	E	a	t	C	e	n	D	e	R	e	E	a	t	C	e	S	a	e	n	g	t	s	i	e	b	e	n	G	a
e	V	s	e	W	K	n	R	e	n	e	n	X	i	e	R	e	O	V	G	D	e	R	e	s	i	e	b	e	n	E	K	r	n	a
e	l	r	e	n	g	e	S	r	e	s	s	e	n	l	a	t	D	e	R	e	a	e	l	r	e	L	r	K	R	V	C	i	e	r
t	s	i	e	b	e	n	s	a	G	e	n	W	K	n	X	i	e	W	i	e	F	e	n	R	i	n	g	e	n	i	s	t	l	i
e	r	i	n	s	g	e	s	a	G	t	R	i	e	r	e	R	e																	

Vermutlich muss es „insgesamt" heißen, also wird G durch m ersetzt.

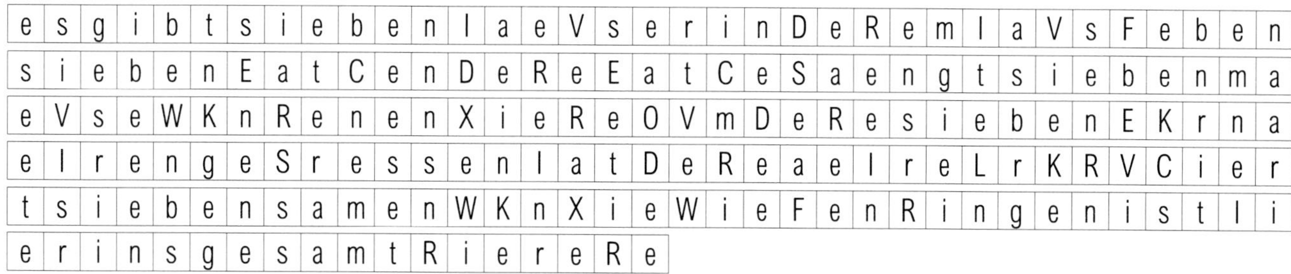

e	s	g	i	b	t	s	i	e	b	e	n	l	a	e	V	s	e	r	i	n	D	e	R	e	m	l	a	V	s	F	e	b	e	n
s	i	e	b	e	n	E	a	t	C	e	n	D	e	R	e	E	a	t	C	e	S	a	e	n	g	t	s	i	e	b	e	n	m	a
e	V	s	e	W	K	n	R	e	n	e	n	X	i	e	R	e	O	V	m	D	e	R	e	s	i	e	b	e	n	E	K	r	n	a
e	l	r	e	n	g	e	S	r	e	s	s	e	n	l	a	t	D	e	R	e	a	e	l	r	e	L	r	K	R	V	C	i	e	r
t	s	i	e	b	e	n	s	a	m	e	n	W	K	n	X	i	e	W	i	e	F	e	n	R	i	n	g	e	n	i	s	t	l	i
e	r	i	n	s	g	e	s	a	m	t	R	i	e	r	e	R	e																	

Vermutlich muss es „die Rede" heißen, also d für R.

e	s	g	i	b	t	s	i	e	b	e	n	l	a	e	V	s	e	r	i	n	D	e	d	e	m	l	a	V	s	F	e	b	e	n
s	i	e	b	e	n	E	a	t	C	e	n	D	e	d	e	E	a	t	C	e	S	a	e	n	g	t	s	i	e	b	e	n	m	a
e	V	s	e	W	K	n	d	e	n	e	n	X	i	e	d	e	O	V	m	D	e	d	e	s	i	e	b	e	n	E	K	r	n	a
e	l	r	e	n	g	e	S	r	e	s	s	e	n	l	a	t	D	e	d	e	a	e	l	r	e	L	r	K	d	V	C	i	e	r
t	s	i	e	b	e	n	s	a	m	e	n	W	K	n	X	i	e	W	i	e	F	e	n	d	i	n	g	e	n	i	s	t	l	i
e	r	i	n	s	g	e	s	a	m	t	d	i	e	r	e	d	e																	

Der letzte Abschnitt „Dingen ist ★ ier insgesamt die Rede" lässt vermuten, dass l durch h ersetzt wird.

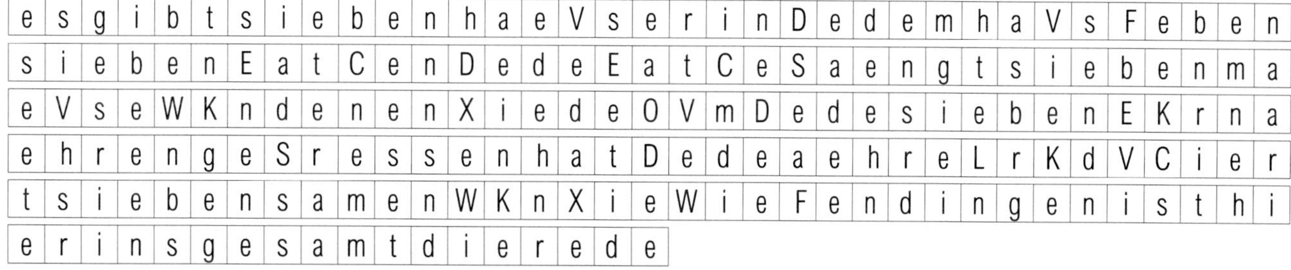

e	s	g	i	b	t	s	i	e	b	e	n	h	a	e	V	s	e	r	i	n	D	e	d	e	m	h	a	V	s	F	e	b	e	n
s	i	e	b	e	n	E	a	t	C	e	n	D	e	d	e	E	a	t	C	e	S	a	e	n	g	t	s	i	e	b	e	n	m	a
e	V	s	e	W	K	n	d	e	n	e	n	X	i	e	d	e	O	V	m	D	e	d	e	s	i	e	b	e	n	E	K	r	n	a
e	h	r	e	n	g	e	S	r	e	s	s	e	n	h	a	t	D	e	d	e	a	e	h	r	e	L	r	K	d	V	C	i	e	r
t	s	i	e	b	e	n	s	a	m	e	n	W	K	n	X	i	e	W	i	e	F	e	n	d	i	n	g	e	n	i	s	t	h	i
e	r	i	n	s	g	e	s	a	m	t	d	i	e	r	e	d	e																	

Der erste Satz „Es gibt sieben Hä★ser" lässt vermuten, dass V durch u ersetzt wird.

e	s	g	i	b	t	s	i	e	b	e	n	h	a	e	u	s	e	r	i	n	D	e	d	e	m	h	a	u	s	F	e	b	e	n
s	i	e	b	e	n	E	a	t	C	e	n	D	e	d	e	E	a	t	C	e	S	a	e	n	g	t	s	i	e	b	e	n	m	a
e	u	s	e	W	K	n	d	e	n	e	n	X	i	e	d	e	O	u	m	D	e	d	e	s	i	e	b	e	n	E	K	r	n	a
e	h	r	e	n	g	e	S	r	e	s	s	e	n	h	a	t	D	e	d	e	a	e	h	r	e	L	r	K	d	u	C	i	e	r
t	s	i	e	b	e	n	s	a	m	e	n	W	K	n	X	i	e	W	i	e	F	e	n	d	i	n	g	e	n	i	s	t	h	i
e	r	i	n	s	g	e	s	a	m	t	d	i	e	r	e	d	e																	

Der erste Satz „Es gibt sieben Häuser, in★ edem Haus leben sieben ..." lässt vermuten, dass D durch j ersetzt wird.

Stationenlernen Geheimschriften / TOP SECRET! – Best.-Nr. 11 752

Station 23

Wie knackt man einen Cäsar mit Schlüsselwort? (1)

e	s	g	i	b	t	s	i	e	b	e	n	h	a	e	u	s	e	r	i	n	j	e	d	e	m	h	a	u	s	F	e	b	e	n
s	i	e	b	e	n	E	a	t	C	e	n	j	e	d	e	E	a	t	C	e	S	a	e	n	g	t	s	i	e	b	e	n	m	a
e	u	s	e	W	K	n	d	e	n	e	n	X	i	e	d	e	r	u	m	j	e	d	e	s	i	e	b	e	n	E	K	r	n	a
e	h	r	e	n	g	e	S	r	e	s	s	e	n	h	a	t	j	e	d	e	a	e	h	r	e	L	r	K	d	u	C	i	e	r
t	s	i	e	b	e	n	s	a	m	e	n	W	K	n	X	i	e	W	i	e	F	e	n	d	i	n	g	e	n	i	s	t	h	i
e	r	i	n	s	g	e	s	a	m	t	d	i	e	r	e	d	e																	

Der erste Satz „Es gibt sieben Häuser, in jedem Haus ★eben sieben ★at★en ...“ lässt vermuten, dass F durch l, E durch k und C durch z ersetzt wird.

e	s	g	i	b	t	s	i	e	b	e	n	h	a	e	u	s	e	r	i	n	j	e	d	e	m	h	a	u	s	l	e	b	e	n
s	i	e	b	e	n	k	a	t	z	e	n	j	e	d	e	k	a	t	z	e	S	a	e	n	g	t	s	i	e	b	e	n	m	a
e	u	s	e	W	K	n	d	e	n	e	n	X	i	e	d	e	r	u	m	j	e	d	e	s	i	e	b	e	n	k	K	r	n	a
e	h	r	e	n	g	e	S	r	e	s	s	e	n	h	a	t	j	e	d	e	a	e	h	r	e	L	r	K	d	u	z	i	e	r
t	s	i	e	b	e	n	s	a	m	e	n	W	K	n	X	i	e	W	i	e	l	e	n	d	i	n	g	e	n	i	s	t	h	i
e	r	i	n	s	g	e	s	a	m	t	d	i	e	r	e	d	e																	

Der zweite Satz „Jede Katze ★ängt ...“ lässt vermuten, dass S durch f ersetzt wird.

e	s	g	i	b	t	s	i	e	b	e	n	h	a	e	u	s	e	r	i	n	j	e	d	e	m	h	a	u	s	l	e	b	e	n
s	i	e	b	e	n	k	a	t	z	e	n	j	e	d	e	k	a	t	z	e	f	a	e	n	g	t	s	i	e	b	e	n	m	a
e	u	s	e	W	K	n	d	e	n	e	n	X	i	e	d	e	r	u	m	j	e	d	e	s	i	e	b	e	n	k	K	r	n	a
e	h	r	e	n	g	e	f	r	e	s	s	e	n	h	a	t	j	e	d	e	a	e	h	r	e	L	r	K	d	u	z	i	e	r
t	s	i	e	b	e	n	s	a	m	e	n	W	K	n	X	i	e	W	i	e	l	e	n	d	i	n	g	e	n	i	s	t	h	i
e	r	i	n	s	g	e	s	a	m	t	d	i	e	r	e	d	e																	

Der Rest ist einfach.

e	s	g	i	b	t	s	i	e	b	e	n	h	a	e	u	s	e	r	i	n	j	e	d	e	m	h	a	u	s	l	e	b	e	n
s	i	e	b	e	n	k	a	t	z	e	n	j	e	d	e	k	a	t	z	e	f	a	e	n	g	t	s	i	e	b	e	n	m	a
e	u	s	e	v	o	n	d	e	n	e	n	w	i	e	d	e	r	u	m	j	e	d	e	s	i	e	b	e	n	k	o	r	n	a
e	h	r	e	n	g	e	f	r	e	s	s	e	n	h	a	t	j	e	d	e	a	e	h	r	e	p	r	o	d	u	z	i	e	r
t	s	i	e	b	e	n	s	a	m	e	n	v	o	n	w	i	e	v	i	e	l	e	n	d	i	n	g	e	n	i	s	t	h	i
e	r	i	n	s	g	e	s	a	m	t	d	i	e	r	e	d	e																	

a	b	c	d	e	f	g	h	i	j	k	l	m	n	o	p	q	r	s	t	u	v	w	x	y	z
P	A	Y	R	U	S	H	I	N	D	E	F	G	J	K	L	M	O	Q	T	V	W	X	Z	B	C

Schlüsselwort: Papyrus Rhind

Es gibt sieben Häuser, in jedem Haus leben sieben Katzen. Jede Katze fängt sieben Mäuse, von denen wiederum jede sieben Kornähren gefressen hat. Jede Ähre produziert sieben Samen. Von wie vielen Dingen ist hier insgesamt die Rede?

Aufgabe aus dem Papyrus Rhind um 1350 v. Chr.

Der gesamte Papyrus Rhind enthält 84 verschiedene Aufgaben und bildet die wichtigste Quelle für das Zahlenverständnis der alten Ägypter.

Stationenlernen Geheimschriften / TOP SECRET! – Best.-Nr. 11 752
KOHL VERLAG

Station 24

Station 23 

Wie knackt man einen Cäsar mit Schlüsselwort? (2)

Wenn ihr euch durch die Station 23 gekämpft habt, wird es euch nicht schwerfallen, selbst einen Cäsar mit Schlüsselwort zu knacken. Also, zählen ist angesagt. Damit es für euch nicht zu schwer wird, sind die Wörter ausnahmsweise durch Leerzeichen getrennt.

e	17,4 %	r	7,00 %	h	4,76 %	g	3,01 %	w	1,89 %	p	0,79 %	x	0,03 %
n	9,78 %	a	6,51 %	u	4,35 %	m	2,53 %	f	1,66 %	v	0,67 %	q	0,02 %
i	7,55 %	t	6,15 %	l	3,44 %	o	2,51 %	k	1,21 %	j	0,27 %		
s	7,27 %	d	5,08 %	c	3,06 %	b	1,89 %	z	1,13 %	y	0,04 %		

nach: A. Beutelspacher, Kryptologie

Geheimtext:

U I L   S M W L   V H G X M L   Z P   M L G T L T   O P H G
V Q I W D O S N L O   G S W W L O   I V W   W P W   I N
T I L V I F L O   X O Q L T V P L G O M I H G L O
X O X L C L T V H G S X C S T L O   C L W P O M S C B T I O W G
D I L G L O   V H G X L M L T   X O U   M L G T L T   L I O V S N
I G T L N   V W X O U L O Q M S O   E P M F L O U   Y P O
X O W L T T I H G W V T S X N   D X   X O W L T T I H G W V T S X N
Y P O   K X T V   D X   K X T V

Ermittelt die absoluten Häufigkeiten der Buchstaben:

A	B	C	D	E	F	G	H	I	J	K	L	M	N	O	P	Q	R	S	T	U	V	W	X	Y	Z

Erstellt eine Rangliste.

TIPP: Nicht immer stimmt die Statistik, vor allem nicht, wenn der Text nur kurz ist. Manchmal ist es günstig, sich den Satzanfang anzusehen. Kann es da heißen „Wie" oder „Die"? Experimentiert einfach.

Stationenlernen Geheimschriften / TOP SECRET! – Best.-Nr. 11 752

Station 24

Station 23 

Wie knackt man einen Cäsar mit Schlüsselwort? (2)

Wenn ihr euch durch die Station 23 gekämpft habt, wird es euch nicht schwerfallen, selbst einen Cäsar mit Schlüsselwort zu knacken. Also, zählen ist angesagt. Damit es für euch nicht zu schwer wird, sind die Wörter ausnahmsweise durch Leerzeichen getrennt.

e	17,4 %	r	7,00 %	h	4,76 %	g	3,01 %	w	1,89 %	p	0,79 %	x	0,03 %
n	9,78 %	a	6,51 %	u	4,35 %	m	2,53 %	f	1,66 %	v	0,67 %	q	0,02 %
i	7,55 %	t	6,15 %	l	3,44 %	o	2,51 %	k	1,21 %	j	0,27 %		
s	7,27 %	d	5,08 %	c	3,06 %	b	1,89 %	z	1,13 %	y	0,04 %		

nach: A. Beutelspacher, Kryptologie

Geheimtext:

UIL SMWL VHGXML ZP MLGTLT OPHG
VQIWDOSNLO GSWWLO IVW WPW IN
TILVIFLO XOQLTVPLGOMIHGLO
XOXLCLTVHGSXCSTLO CLWPOMSCBTIOWG
DILGLO VHGXLMLT XOU MLGTLT LIOVSN
IGTLN VWXOULOQMSO EPMFLOU YPO
XOWLTTIHGWVTSXN DX XOWLTTIHGWVTSXN
YPO KXTV DX KXTV

Ermittelt die absoluten Häufigkeiten der Buchstaben:

A	B	C	D	E	F	G	H	I	J	K	L	M	N	O	P	Q	R	S	T	U	V	W	X	Y	Z
0	1	4	4	1	2	14	7	13	0	2	28	9	6	23	8	3	0	10	19	4	13	14	16	2	1

Erstellt eine Rangliste.

L	O	T	X	G	W	I	V	S	M	P	H	N	C	D	U	Q	F	K	Y	B	E	Z	A	J	R
28	23	19	16	14	14	13	13	10	9	8	7	6	4	4	4	3	2	2	2	1	1	1	0	0	0

TIPP: Nicht immer stimmt die Statistik, vor allem nicht, wenn der Text nur kurz ist. Manchmal ist es günstig, sich den Satzanfang anzusehen. Kann es da heißen „Wie" oder „Die"? Experimentiert einfach.

die alte schule wo lehrer noch
spitznamen hatten ist tot im
riesigen unpersoenlichen
unueberschaubaren betonlabyrinth
ziehen schueler und lehrer einsam
ihrem stundenplan folgend von
unterrichtsraum zu unterrichtsraum
von kurs zu kurs

a	b	c	d	e	f	g	h	i	j	k	l	m	n	o	p	q	r	s	t	u	v	w	x	y	z
S	C	H	U	L	E	F	G	I	J	K	M	N	O	P	Q	R	T	V	W	X	Y	Z	A	B	D

Schlüsselwort: Schule

Die alte Schule, wo Lehrer noch Spitznamen hatten, ist tot. Im riesigen, unpersönlichen, unüberschaubaren Beton-Labyrinth ziehen Schüler und Lehrer, einsam ihrem Stundenplan folgend, von Unterrichtsraum zu Unterrichtsraum, von Kurs zu Kurs.

Aus: Dieter Heckenschütz, Lehrer - ärger dich!

Stationenlernen Geheimschriften / TOP SECRET! – Best.-Nr. 11 752
KOHL VERLAG

Station 25

Station 23 

Wie knackt man einen Cäsar mit Schlüsselwort? (3)

Wenn ihr euch durch die Station 23 gekämpft habt, wird es euch nicht schwerfallen, selbst einen englischen Cäsar mit Schlüsselwort zu knacken. Also, zählen ist angesagt. Damit es für euch nicht zu schwer wird, sind die Wörter ausnahmsweise durch Leerzeichen getrennt.

e	12,7 %	i	7,0 %	r	6,0 %	c	2,8 %	g	2,0 %	v	1,0 %	q	0,1 %
t	9,1 %	n	6,7 %	d	4,3 %	m	2,4 %	y	2,0 %	k	0,8 %	z	0,1 %
a	8,2 %	s	6,3 %	l	4,0 %	w	2,4 %	p	1,9 %	j	0,2 %		
o	7,5 %	h	6,1 %	u	2,8 %	f	2,2 %	b	1,5 %	x	0,2 %		

Geheimtext: Aus: Simon Singh, Geheime Botschaften

A H J M G B D K N J E X J D U S E B L R E J R G K S T T U L
B J H H A S B L R S T V R B J M D K O T L M H L T S U L
U N S A S J M N D U X J T J X J R I J V O V T U
K D O N U A V U R J D K X J T B J H H D K O T U S J E D H Z
J K E U N S I L L K X J T N D E D K O A S N D K E
E S K T S M H L V E U N S T S J B D H U N Z D K U N D T
P H J M S X J T N S E L W S R N D T O R S J U A J M G

Ermittelt die absoluten Häufigkeiten der Buchstaben:

A	B	C	D	E	F	G	H	I	J	K	L	M	N	O	P	Q	R	S	T	U	V	W	X	Y	Z

Erstellt eine Rangliste.

TIPP: Nicht immer stimmt die Statistik, vor allem nicht, wenn der Text nur kurz ist. Manchmal ist das a häufiger in Texten zu finden als das e. Man braucht schon viel Geduld, Fingerspitzen- und Sprachgefühl zum Entschlüsseln geheimer Nachrichten. Aber vielleicht hilft euch schon, dass UNS dreimal auftaucht. Welches Wort könnt das wohl sein?

KOHL VERLAG Stationenlernen Geheimschriften / TOP SECRET! – Best.-Nr. 11 752

Station 25

Station 23

Wie knackt man einen Cäsar mit Schlüsselwort? (3)

Wenn ihr euch durch die Station 23 gekämpft habt, wird es euch nicht schwerfallen, selbst einen englischen Cäsar mit Schlüsselwort zu knacken. Also, zählen ist angesagt. Damit es für euch nicht zu schwer wird, sind die Wörter ausnahmsweise durch Leerzeichen getrennt.

e	12,7 %	i	7,0 %	r	6,0 %	c	2,8 %	g	2,0 %	v	1,0 %	q	0,1 %
t	9,1 %	n	6,7 %	d	4,3 %	m	2,4 %	y	2,0 %	k	0,8 %	z	0,1 %
a	8,2 %	s	6,3 %	l	4,0 %	w	2,4 %	p	1,9 %	j	0,2 %		
o	7,5 %	h	6,1 %	u	2,8 %	f	2,2 %	b	1,5 %	x	0,2 %		

Aus: Simon Singh, Geheime Botschaften

Geheimtext:

A H J M G B D K   N J E   X J D U S E   B L R   E J R G K S T T   U L
B J H H   A S B L R S   T V R B J M D K O   T L   M H L T S   U L
U N S   A S J M N   D U   X J T   J   X J R I   J V O V T U
K D O N U   A V U   R J D K   X J T   B J H H D K O   T U S J E D H Z
J K E   U N S   I L L K   X J T   N D E D K O   A S N D K E
E S K T S   M H L V E   U N S   T S J   B D H U N Z   D K   U N D T
P H J M S   X J T N S E   L W S R   N D T   O R S J U   A J M G

Ermittelt die absoluten Häufigkeiten der Buchstaben:

A	B	C	D	E	F	G	H	I	J	K	L	M	N	O	P	Q	R	S	T	U	V	W	X	Y	Z
6	7	0	15	10	0	3	10	2	22	12	10	7	12	6	1	0	8	18	15	14	5	1	6	0	2

Erstellt eine Rangliste.

J	S	D	T	U	K	N	E	L	H	R	B	M	A	O	X	V	G	I	Z	P	W	C	F	Q	Y
22	18	15	15	14	12	12	10	10	10	8	7	7	6	6	6	5	3	2	2	1	1	0	0	0	0

TIPP: Nicht immer stimmt die Statistik, vor allem nicht, wenn der Text nur kurz ist. Manchmal ist das a häufiger in Texten zu finden als das e. Man braucht schon viel Geduld, Fingerspitzen- und Sprachgefühl zum Entschlüsseln geheimer Nachrichten. Aber vielleicht hilft euch schon, dass UNS dreimal auftaucht. Welches Wort könnt das wohl sein?

b l a c k f i n   h a d   w a i t e d   f o r   d a r k n e s s   t o
f a l l   b e f o r e   s u r f a c i n g   s o   c l o s e   t o
t h e   b e a c h   i t   w a s   a   w a r m   a u g u s t
n i g h t   b u t   r a i n   w a s   f a l l i n g   s t e a d i l y
a n d   t h e   m o o n   w a s   h i d i n g   b e h i n d
d e n s e   c l o u d   t h e   s e a   f i l t h y   i n   t h i s
p l a c e   w a s h e d   o v e r   h i s   g r e a t   b a c k

a	b	c	d	e	f	g	h	i	j	k	l	m	n	o	p	q	r	s	t	u	v	w	x	y	z
J	A	M	E	S	B	O	N	D	F	G	H	I	K	L	P	Q	R	T	U	V	W	X	Y	Z	C

Schlüsselwort: James Bond

Blackfin had waited for darkness to fall before surfacing so close to the beach. It was warm August night, but rain was falling steadily, and the moon was hiding behind dense cloud. The sea, filthy in this place, washed over his great back.

Aus: Mike Croft, Down deep

KOHL VERLAG Stationenlernen Geheimschriften / TOP SECRET! – Best.-Nr. 11 752

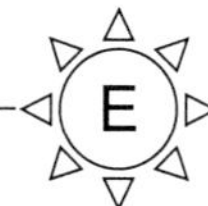

Station 26

Zur Information: Die Vigenère-Verschlüsselung

Nachdem es gelungen war, mithilfe der Häufigkeitsanalyse von Buchstaben die monoalphabetische Verschlüsselung zu dechiffrieren, mussten sich die Kryptographen etwas einfallen lassen. Den ersten Einfall hatte der Florentiner Mathematiker Leon Battista Alberti (1404 – 1472). Er schlug vor, zwei oder mehr Geheimtextalphabete zu verwenden und während des Verschlüsselungsvorgangs zwischen ihnen hin und her zu springen.

Beispiel:

Klartextalphabet	a	b	c	d	e	f	g	h	i	j	k	l	m	n	o	p	q	r	s	t	u	v	w	x	y	z
Geheimtextalphabet 1	M	A	E	J	S	B	O	N	D	F	G	H	I	K	L	P	Q	R	T	U	V	W	X	Y	Z	C
Geheimtextalphabet 2	G	K	U	H	A	C	F	I	M	X	W	B	Y	Q	P	D	J	E	L	S	N	V	T	R	Z	O

Der Klartext s p a g h e t t i c a r b o n a r a wird mit T D M F N A U S D U M E A P K G R G verschlüsselt.

Leider kümmerte er sich aber nicht weiter um dieses Verfahren. Johannes Trithemius, ein deutscher Abt, der italienische Wissenschaftler Giovanni Porta und schließlich der französische Diplomat Blaise de Vigenère (1523 – 1596) bauten auf Albertis ursprünglicher Idee auf. Vigenère gelang es, nachdem er die Schriften Albertis, Trithemius´ und Portas studiert hatte, ein Chiffriersystem zu entwickeln, das er im Jahre 1586 mit dem *Traicté des Chiffres* der Öffentlichkeit vorstellte. Unter einem Klartextalphabet stehen 26 Geheimtextalphabete, jedes davon um einen Buchstaben gegenüber dem vorhergehenden verschoben, also eigentlich der klassische Cäsar.

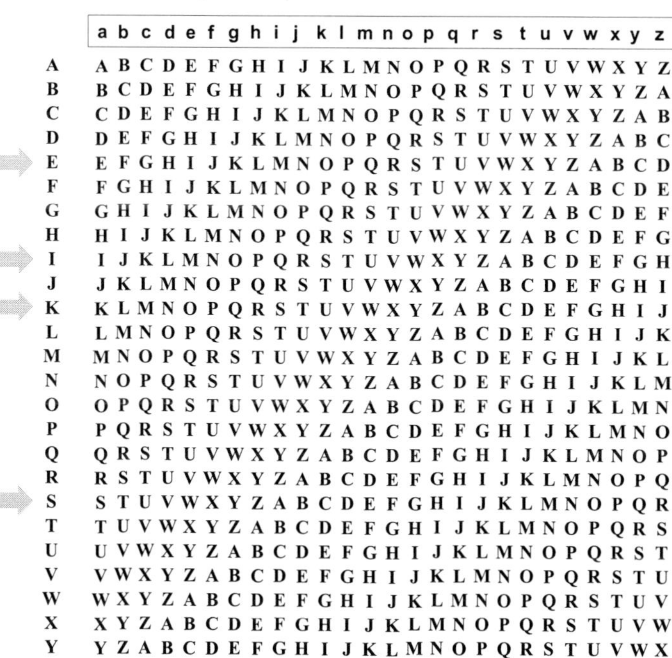

	a	b	c	d	e	f	g	h	i	j	k	l	m	n	o	p	q	r	s	t	u	v	w	x	y	z
A	A	B	C	D	E	F	G	H	I	J	K	L	M	N	O	P	Q	R	S	T	U	V	W	X	Y	Z
B	B	C	D	E	F	G	H	I	J	K	L	M	N	O	P	Q	R	S	T	U	V	W	X	Y	Z	A
C	C	D	E	F	G	H	I	J	K	L	M	N	O	P	Q	R	S	T	U	V	W	X	Y	Z	A	B
D	D	E	F	G	H	I	J	K	L	M	N	O	P	Q	R	S	T	U	V	W	X	Y	Z	A	B	C
E	E	F	G	H	I	J	K	L	M	N	O	P	Q	R	S	T	U	V	W	X	Y	Z	A	B	C	D
F	F	G	H	I	J	K	L	M	N	O	P	Q	R	S	T	U	V	W	X	Y	Z	A	B	C	D	E
G	G	H	I	J	K	L	M	N	O	P	Q	R	S	T	U	V	W	X	Y	Z	A	B	C	D	E	F
H	H	I	J	K	L	M	N	O	P	Q	R	S	T	U	V	W	X	Y	Z	A	B	C	D	E	F	G
I	I	J	K	L	M	N	O	P	Q	R	S	T	U	V	W	X	Y	Z	A	B	C	D	E	F	G	H
J	J	K	L	M	N	O	P	Q	R	S	T	U	V	W	X	Y	Z	A	B	C	D	E	F	G	H	I
K	K	L	M	N	O	P	Q	R	S	T	U	V	W	X	Y	Z	A	B	C	D	E	F	G	H	I	J
L	L	M	N	O	P	Q	R	S	T	U	V	W	X	Y	Z	A	B	C	D	E	F	G	H	I	J	K
M	M	N	O	P	Q	R	S	T	U	V	W	X	Y	Z	A	B	C	D	E	F	G	H	I	J	K	L
N	N	O	P	Q	R	S	T	U	V	W	X	Y	Z	A	B	C	D	E	F	G	H	I	J	K	L	M
O	O	P	Q	R	S	T	U	V	W	X	Y	Z	A	B	C	D	E	F	G	H	I	J	K	L	M	N
P	P	Q	R	S	T	U	V	W	X	Y	Z	A	B	C	D	E	F	G	H	I	J	K	L	M	N	O
Q	Q	R	S	T	U	V	W	X	Y	Z	A	B	C	D	E	F	G	H	I	J	K	L	M	N	O	P
R	R	S	T	U	V	W	X	Y	Z	A	B	C	D	E	F	G	H	I	J	K	L	M	N	O	P	Q
S	S	T	U	V	W	X	Y	Z	A	B	C	D	E	F	G	H	I	J	K	L	M	N	O	P	Q	R
T	T	U	V	W	X	Y	Z	A	B	C	D	E	F	G	H	I	J	K	L	M	N	O	P	Q	R	S
U	U	V	W	X	Y	Z	A	B	C	D	E	F	G	H	I	J	K	L	M	N	O	P	Q	R	S	T
V	V	W	X	Y	Z	A	B	C	D	E	F	G	H	I	J	K	L	M	N	O	P	Q	R	S	T	U
W	W	X	Y	Z	A	B	C	D	E	F	G	H	I	J	K	L	M	N	O	P	Q	R	S	T	U	V
X	X	Y	Z	A	B	C	D	E	F	G	H	I	J	K	L	M	N	O	P	Q	R	S	T	U	V	W
Y	Y	Z	A	B	C	D	E	F	G	H	I	J	K	L	M	N	O	P	Q	R	S	T	U	V	W	X
Z	Z	A	B	C	D	E	F	G	H	I	J	K	L	M	N	O	P	Q	R	S	T	U	V	W	X	Y

Blaise de Vigenère (1523 - 1596)

Sender und Empfänger müssen vorher vereinbaren, nach welcher Regel zwischen den 26 Geheimtextalphabeten hin und her gewechselt wird. Das geht am besten mit einem Schlüsselwort.

Beispiel:

Schlüsselwort	K	I	E	S	K	I	E	S	K	I	E	S	K	I	E	S	K	I	E	S
Klartext	a	n	g	r	i	f	f	u	m	m	i	t	t	e	r	n	a	c	h	t
Geheimtext	K	V	K	J	S	N	J	M	W	U	M	L	D	M	V	F	K	K	L	L

Mehr dazu an der Station 28. Hilfreich für diese Verschlüsselung ist der Vigenère-Schieber (Station 27).

Stationenlernen Geheimschriften / TOP SECRET! – Best.-Nr. 11 752
KOHL VERLAG

Station 27

Schieber für die Vigenère-Verschlüsselung

Vorlagen auf Karton kopieren *Teil 1: eventuell durch zusätzlichen Karton verstärken*

Teil 2a

A	A	B	C	D	E	F	G	H	I	J	K	L	M	N	O	P	Q	R	S	T	U	V	W	X	Y	Z
B	B	C	D	E	F	G	H	I	J	K	L	M	N	O	P	Q	R	S	T	U	V	W	X	Y	Z	A
C	C	D	E	F	G	H	I	J	K	L	M	N	O	P	Q	R	S	T	U	V	W	X	Y	Z	A	B
D	D	E	F	G	H	I	J	K	L	M	N	O	P	Q	R	S	T	U	V	W	X	Y	Z	A	B	C
E	E	F	G	H	I	J	K	L	M	N	O	P	Q	R	S	T	U	V	W	X	Y	Z	A	B	C	D
F	F	G	H	I	J	K	L	M	N	O	P	Q	R	S	T	U	V	W	X	Y	Z	A	B	C	D	E
G	G	H	I	J	K	L	M	N	O	P	Q	R	S	T	U	V	W	X	Y	Z	A	B	C	D	E	F
H	H	I	J	K	L	M	N	O	P	Q	R	S	T	U	V	W	X	Y	Z	A	B	C	D	E	F	G
I	I	J	K	L	M	N	O	P	Q	R	S	T	U	V	W	X	Y	Z	A	B	C	D	E	F	G	H
J	J	K	L	M	N	O	P	Q	R	S	T	U	V	W	X	Y	Z	A	B	C	D	E	F	G	H	I
K	K	L	M	N	O	P	Q	R	S	T	U	V	W	X	Y	Z	A	B	C	D	E	F	G	H	I	J
L	L	M	N	O	P	Q	R	S	T	U	V	W	X	Y	Z	A	B	C	D	E	F	G	H	I	J	K
M	M	N	O	P	Q	R	S	T	U	V	W	X	Y	Z	A	B	C	D	E	F	G	H	I	J	K	L
N	N	O	P	Q	R	S	T	U	V	W	X	Y	Z	A	B	C	D	E	F	G	H	I	J	K	L	M
O	O	P	Q	R	S	T	U	V	W	X	Y	Z	A	B	C	D	E	F	G	H	I	J	K	L	M	N
P	P	Q	R	S	T	U	V	W	X	Y	Z	A	B	C	D	E	F	G	H	I	J	K	L	M	N	O
Q	Q	R	S	T	U	V	W	X	Y	Z	A	B	C	D	E	F	G	H	I	J	K	L	M	N	O	P
R	R	S	T	U	V	W	X	Y	Z	A	B	C	D	E	F	G	H	I	J	K	L	M	N	O	P	Q
S	S	T	U	V	W	X	Y	Z	A	B	C	D	E	F	G	H	I	J	K	L	M	N	O	P	Q	R
T	T	U	V	W	X	Y	Z	A	B	C	D	E	F	G	H	I	J	K	L	M	N	O	P	Q	R	S
U	U	V	W	X	Y	Z	A	B	C	D	E	F	G	H	I	J	K	L	M	N	O	P	Q	R	S	T
V	V	W	X	Y	Z	A	B	C	D	E	F	G	H	I	J	K	L	M	N	O	P	Q	R	S	T	U
W	W	X	Y	Z	A	B	C	D	E	F	G	H	I	J	K	L	M	N	O	P	Q	R	S	T	U	V
X	X	Y	Z	A	B	C	D	E	F	G	H	I	J	K	L	M	N	O	P	Q	R	S	T	U	V	W
Y	Y	Z	A	B	C	D	E	F	G	H	I	J	K	L	M	N	O	P	Q	R	S	T	U	V	W	X
Z	Z	A	B	C	D	E	F	G	H	I	J	K	L	M	N	O	P	Q	R	S	T	U	V	W	X	Y

Teil 6: mit Teil 5 verkleben

Distanzstück 3c

a b c d e f g h i j k l m n o p q r s t u v w x y z

ausschneiden

Distanzstück 4c

Distanzstück 3b

Teil 5: auf die drei Distanzstücke kleben

ausschneiden

Distanzstück 4b

Distanzstück 3a

Distanzstück 3a, 3b, 3c hier aufkleben

Teil 2b: mit Teil 2a verkleben

Distanzstück 4a, 4b, 4c hier aufkleben

Distanzstück 4a

Fertigen Schieber über Teil 1 streifen. Der Schieber aus den Teilen 2a, 2b, 3a, 3b, 3c, 4a, 4b, 4c, 5 und 6 muss sich leicht hin und her schieben lassen.

Station 28

Vigenère-Schieber 

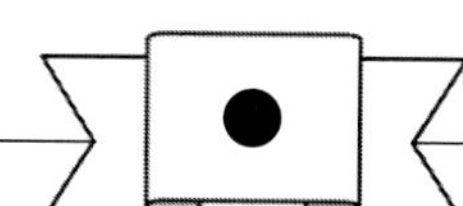

Verschlüsseln mit dem Vigenère-Schieber

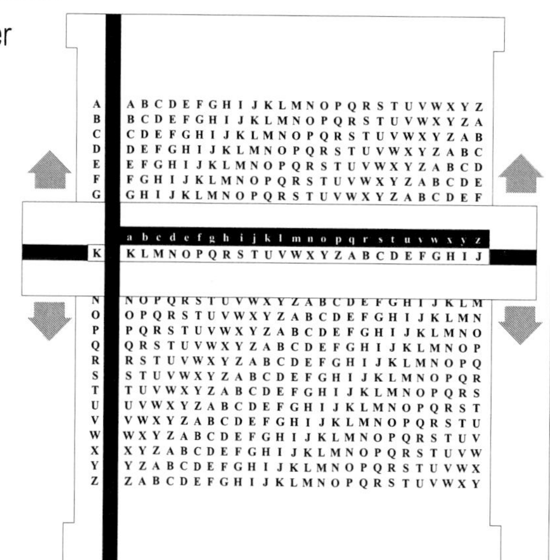

So sollte euer Vigenère-Schieber aussehen und der Schieber muss sich leicht auf die einzelnen Geheimtextalphabete schieben lassen.
Wie verschlüsselt man einen Text?
Zunächst braucht ihr ein Schlüsselwort beliebiger Länge. Nehmt z. B. K I L O.
Schreibt über euren Klartext hintereinander jeweils K I L O K I L O K I L O, solange, bis jeder Buchstabe des Klartextes erfasst ist. Bewegt den Schieber auf das K-Alphabet und verschlüsselt damit den 1., 5., 9., 13., ... Buchstaben des Klartextes.
Bewegt den Schieber auf das I-Alphabet und verschlüsselt damit den 2., 6., 10., 14., ... Buchstaben.
Bewegt den Schieber auf das L-Alphabet und verschlüsselt damit den 3., 7., 11., 15., ... Buchstaben.
Bewegt den Schieber auf das O-Alphabet und verschlüsselt damit den 4., 8., 12., 16., ... Buchstaben.
Zum Entschlüsseln einer Nachricht geht ihr dann umgekehrt vor.

Aufgabe 1

Verschlüsselt die Nachrichten mit dem Schlüsselwort H U N D.

a) H U N D

w i r s e h e n u n s m o r g e n

b) H U N D

k r y p t o g r a p h i e i s t e i n e k u n s t

Aufgabe 2

Verschlüsselt die Nachrichten mit dem Schlüsselwort O R T.

a) O R T

m a c h t e u c h s c h n e l l v o m a c k e r

b) O R T

m o r g e n s t u n d h a t g o l d i m m u n d

Aufgabe 3

Entschlüsselt die Nachricht mit dem Schlüsselwort H I L F E.

I Z L Z G O M Y I V P V R J R K V L H L Z K S Z F

H I L F E

Station 28

Vigenère-Schieber

Verschlüsseln mit dem Vigenère-Schieber

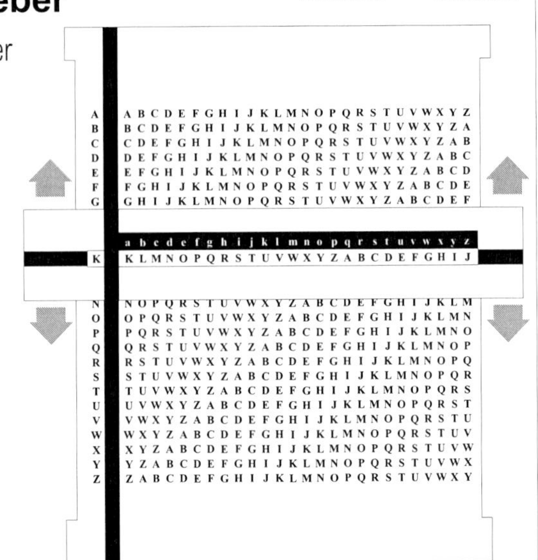

So sollte euer Vigenère-Schieber aussehen und der Schieber muss sich leicht auf die einzelnen Geheimtextalphabete schieben lassen.
Wie verschlüsselt man einen Text?
Zunächst braucht ihr ein Schlüsselwort beliebiger Länge. Nehmt z. B. K I L O.
Schreibt über euren Klartext hintereinander jeweils K I L O K I L O K I L O, solange, bis jeder Buchstabe des Klartextes erfasst ist. Bewegt den Schieber auf das K-Alphabet und verschlüsselt damit den 1., 5., 9., 13., ... Buchstaben des Klartextes.
Bewegt den Schieber auf das I-Alphabet und verschlüsselt damit den 2., 6., 10., 14., ... Buchstaben.
Bewegt den Schieber auf das L-Alphabet und verschlüsselt damit den 3., 7., 11., 15., ... Buchstaben.
Bewegt den Schieber auf das O-Alphabet und verschlüsselt damit den 4., 8., 12., 16., ... Buchstaben.
Zum Entschlüsseln einer Nachricht geht ihr dann umgekehrt vor.

Aufgabe 1

Verschlüsselt die Nachrichten mit dem Schlüsselwort H U N D.

a) H U N D H U N D H U N D H U N D H

w i r s e h e n u n s m o r g e n

D C E V L B R Q B H F P V L T H U

b) H U N D H U N D H U N D H U N D H U N D H U N D H

k r y p t o g r a p h i e i s t e i n e k u n s t

R L L S A I T U H J U L L C F W L C A H R O A V A

Aufgabe 2

Verschlüsselt die Nachrichten mit dem Schlüsselwort O R T.

a) O R T O R T O R T O R T O R T O R T O R T O R T

m a c h t e u c h s c h n e l l v o m a c k e r

A R V V K X I T A G T A B V E Z M H A R V Y V K

b) O R T O R T O R T O R T O R T O R T O R T O R T

m o r g e n s t u n d h a t g o l d i m m u n d

A F K U V G G K N B U A O K Z C C W W D F I E W

Aufgabe 3

Entschlüsselt die Nachricht mit dem Schlüsselwort H I L F E.

I Z L Z G O M Y I V P V R J R K V L H L Z K S Z F

H I L F E H I L F E H I L F E H I L F E H I L F E

b r a u c h e n d r i n g e n d n a c h s c h u b

KOHL VERLAG Stationenlernen Geheimschriften / TOP SECRET! – Best.-Nr. 11 752

Station 29

Vigenère-Schieber 

Wie knackt man eine Vigenère-Verschlüsselung?

Nahezu 300 Jahre galt die im 16. Jahrhundert entwickelte Vigenère-Entschlüsselung als sicher. Man nannte sie "le chiffre indéchiffrable", also eine Verschlüsselung, die nicht zu knacken war. Vermutlich im Jahr 1854 gelang Charles Babbage, einem exzentrischen britischen Genie, der sich schon als kleiner Junge für Geheimschriften interessiert hatte, die Kryptoanalyse der Vigenère-Verschlüsselung. Allerdings veröffentlichte er seine Entdeckung nicht.

Erst der pensionierte Infanteriemajor Friedrich Wilhelm Kasiski war es, der mit dem Titel "Die Geheimschriften und die Dechiffrierkunst" das Verfahren zur Entschlüsselung öffentlich machte.

Grundidee bei Babbage und Kasiski war, dass man die Länge des Schlüsselwortes herausfinden muss. Nehmen wir einmal an, das Schlüsselwort besteht aus vier Buchstaben. Dann kann man den Geheimtext in vier Teile aufspalten. Der erste Teil besteht aus den Buchstaben, die sich an den Stellen 1, 5, 9, 13, ... befinden. Bei diesen Buchstaben handelt es sich um einen einfachen Cäsar, den man mit der Häufigkeitsanalyse knacken kann (Station 21). Man weiß dann, wie der erste Buchstabe des Schlüsselwortes lautet. Genauso verfährt man mit den zweiten, dritten und vierten Teil des Geheimtextes. Hat man das Schlüsselwort, ist der Rest einfach.

Aufgabe 1

Geht einmal davon aus, das der Klartext mit einem Schlüsselwort der Länge 3 verschlüsselt wurde. Findet das Schlüsselwort heraus, indem ihr den Text in drei Teile aufspaltet. Entschlüsselt dann den Geheimtext.

N M F R C T U M A X M K F M V E T W T P S E E S X D C E X

O J W R V T B F Z H V C S S M F U M B T W Z F Z O U W F Z

D S I V O T P Y R T W W W F E Q S E P W E C S S M F N W Z

C B S U M F B I A S M J F Z S I B I T A C E L W V P O L X

H J B O U B J F V O I Q N F V O V Z F V Q Q Y B S N W V C

I I T P B R K V U M F R T H V V A Z A G Z W B J I B O I J

Z M F U M Z S I Q U Q S L V U V N O V P F E M I E U S Z T

S E A I V L Z Z K V M W B K C Q J W B Z U H R T R V A F Z

W G R V H R K F L H Z Z M U K I B A M R V Z S T S S U M G

X M P R M I U M G V Z V V J H J Q Q Y M W E P C Y M F X T

C T S S E B I I U R Z M J F Z R V Z G V Q H V E S Z A H I

M W T P S E A Q Y U I T S R V Z P Z T R Y I I V Z Y L V G

K I I W

Stationenlernen Geheimschriften / TOP SECRET! – Best.-Nr. 11 752

Station 29

Vigenère-Schieber

Wie knackt man eine Vigenère-Verschlüsselung?

!

Text 1

A	B	C	D	E	F	G	H	I	J	K	L	M	N	O	P	Q	R	S	T	U	V	W	X	Y	Z

Text 2

A	B	C	D	E	F	G	H	I	J	K	L	M	N	O	P	Q	R	S	T	U	V	W	X	Y	Z

Text 3

A	B	C	D	E	F	G	H	I	J	K	L	M	N	O	P	Q	R	S	T	U	V	W	X	Y	Z

Das Schlüsselwort lautet:

Stationenlernen Geheimschriften / TOP SECRET! – Best.-Nr. 11 752
KOHL VERLAG

Station 29

Vigenère-Schieber   

Wie knackt man eine Vigenère-Verschlüsselung?

Klartext:

Station 29

Vigenère-Schieber  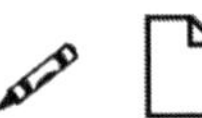

Wie knackt man eine Vigenère-Verschlüsselung?

Text 1

N R U X F E T E X E J V F V S U T F U Z I T R W E E E S N
C U B S F I T E V L J U F I F V V Y N C T R U R V Z Z J O
Z U S U L V V E E Z E V Z M K J Z R V Z R R L Z K A V T U
X R U V V J Y E Y X T E I Z F V V V Z I T E Y T V Z Y V L
K W

A	B	C	D	E	F	G	H	I	J	K	L	M	N	O	P	Q	R	S	T	U	V	W	X	Y	Z
1	1	2	0	13	7	0	0	5	5	3	4	1	3	1	0	0	8	4	9	10	18	2	4	5	12

Cäsars R-Alphabet

Text 2

M C M M M T P E D X W T Z C M M W Z W D V P T W Q P C M W
B M I M Z B A L P X B B V Q V Z Q B W I P K M T V A W I I
M M I Q V N P M U T A L K W C W U T A W V K H M I M Z S M
M M M Z J Q M P M T S B U M Z Z Q E A M P A U S Z T I Z V
I

A	B	C	D	E	F	G	H	I	J	K	L	M	N	O	P	Q	R	S	T	U	V	W	X	Y	Z
6	6	4	2	2	0	0	1	8	1	3	2	23	1	0	8	6	0	3	8	4	7	10	2	0	10

Cäsars I-Alphabet

Text 3

F T A K V W S S C O R B H S F B Z O F S O Y W F S W S F Z
S F A J S I C W O H O J O N O F Q S V I B V F H A G B B J
F Z Q S U O F I S S I Z V B Q B H R F G H F Z U B R S S G
P I G V H Q W C F C S I R J R G H S H W S Q I R P R I Y G
I

A	B	C	D	E	F	G	H	I	J	K	L	M	N	O	P	Q	R	S	T	U	V	W	X	Y	Z
3	8	4	0	0	13	6	8	9	4	1	0	0	1	8	2	5	7	17	1	2	5	6	0	2	5

Cäsars O-Alphabet

Das Schlüsselwort lautet R I O.

KOHL VERLAG Stationenlernen Geheimschriften / TOP SECRET! – Best.-Nr. 11 752

Station 29

Vigenère-Schieber 

Wie knackt man eine Vigenère-Verschlüsselung?

R I O R I O R I O R I O R I O R I O R I O R I O R I O R I

w e r a u f d e m g e w o e h n l i c h e n w e g v o n p

O R I O R I O R I O R I O R I O R I O R I O R I O R I O R

a s o d e l n o r t e u e b e r d e n c o l o r a d o r i

I O R I O R I O R I O R I O R I O R I O R I O R I O R I O

v e r n a c h k a l i f o r n i e n h i n u e b e r w o l

R I O R I O R I O R I O R I O R I O R I O R I O R I O R I

l t e d e r k a m b e v o r e r t u c s o n d i e h a u p

O R I O R I O R I O R I O R I O R I O R I O R I O R I O R

t s t a d t v o n a r i z o n a e r r e i c h t e w o h l

I O R I O R I O R I O R I O R I O R I O R I O R I O R I O

a u c h n a c h d e r a l t e n m i s s i o n s a n x a v

R I O R I O R I O R I O R I O R I O R I O R I O R I O R I

i e r d e l b a c d i e u n g e f a e h r n e u n m e i l

O R I O R I O R I O R I O R I O R I O R I O R I O R I O R

e n s u e d l i c h v o n t u c s o n i m t a l d e s r i

I O R I O R I O R I O R I O R I O R I O R I O R I O R I O

o s a n t a c r u z l i e g t a n j e d e r e c k e d e s

R I O R I O R I O R I O R I O R I O R I O R I O R I O R I

g e b a e u d e s e r h e b t s i c h e i n h o h e r g l

O R I O R I O R I O R I O R I O R I O R I O R I O R I O R

o c k e n t u r m d i e v o r d e r s e i t e w e i s t r

I O R I O R I O R I O R I O R I O R I O R I O R I O R I O

e i c h e n s c h m u c k d e r b i l d h a u e r k u n s

R I O R

t a u f

Wer auf dem gewöhnlichen Weg von Paso del Norte über den Colorado River nach Kalifornien hinüber wollte, der kam, bevor er Tucson, die Hauptstadt von Arizona, erreichte, wohl auch nach der alten Mission Xavier del Bac, die ungefähr neun Meilen südlich von Tucson im Tal des Rio Santa Cruz liegt. An jeder Ecke des Gebäudes erhebt sich ein hoher Glockenturm; die Vorderseite weist reichen Schmuck der Bildhauerkunst auf.

Aus: Karl May, Der Ölprinz

Stationenlernen Geheimschriften / TOP SECRET! - Best.-Nr. 11 752

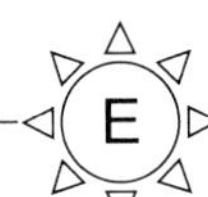

Station 30

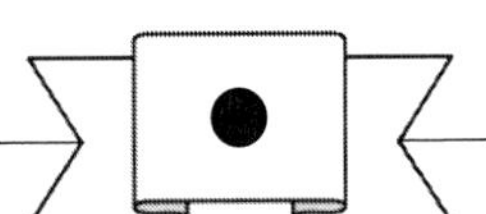

Die Kasiski-Methode zur Ermittlung der Schlüssellänge einer Vigenère-Verschlüsselung

Kasiski fiel auf, dass es Buchstabenkombinationen wie der, ch oder cht gibt, die in der deutschen Sprache häufig vorkommen. Wenn also in Geheimtexten Wiederholungen gleicher Buchstabenfolgen vorkommen, kann das rein zufällig passiert sein. Wenn die Buchstabenfolgen aber länger sind, ist das eher unwahrscheinlich.

Um die Länge des Schlüsselwortes zu ermitteln, ging Kasiski folgendermaßen vor:

1. Er suchte im Geheimtext nach gleichen Buchstabenfolgen, die mindestens drei gleiche Buchstaben aufwiesen.
2. Er bestimmte zu jeweils zwei gleichen Folgen ihren Abstand zueinander. Dieser Abstand war mit großer Wahrscheinlichkeit ein Vielfaches der Schlüsselwortlänge.
3. Zum Schluss berechnete er den größten gemeinsamen Teiler (ggT) dieser Abstände und hatte damit die Länge des Schlüsselwortes bestimmt.

Wenn allerdings die Buchstabenfolgen rein zufällig entstanden sein sollten, klappt diese Methode nicht. Aber meistens funktioniert sie.

Beispiel: Wir ermitteln mithilfe der Kasiski-Methode die Schlüsselwortlänge des Geheimtextes von Station 29. Damit man den Abstand besser bestimmen kann, wurde der Geheimtext in Gruppen zu zehn Buchstaben zusammengefasst.

N M F R C T U M A X	M K F M V E T W T P	S E E S X D C E X O
J W R V T B F Z H V	C S S M F U M B T W	Z F Z O U W F Z D S
I V O T P Y R T W W	W F E Q S E P W E C	S S M F N W Z C B S
U M F B I A S M J F	Z S I B I T A C E L	W V P O L X H J B O
U B J F V O I Q N F	V O V Z F V Q Q Y B	S N W V C I I T P B
R K V U M F R T H V	V A Z A G Z W B J I	B O I J Z M F U M Z
S I Q U Q S L V U V	N O V P F E M I E U	S Z T S E A I V L Z
Z K V M W B K C Q J	W B Z U H R T R V A	F Z W G R V H R K F
L H Z Z M U K I B A	M R V Z S T S S U M	G X M P R M I U M G
V Z V V J H J Q Q Y	M W E P C Y M F X T	C T S S E B I I U R
Z M J F Z R V Z G V	Q H V E S Z A H I M	W T P S E A Q Y U I
T S R V Z P Z T R Y	I I V Z Y L V G K I	I W

T P S E	19 – 322	$303 = 3 \cdot 101$
C S S	41 – 80	$39 = 3 \cdot 13$
F U M	45 – 177	$132 = 2^2 \cdot 3 \cdot 11$
S U M	90 – 258	$168 = 2^3 \cdot 3 \cdot 7$
U M F	91 – 154	$63 = 3^2 \cdot 7$
Q Q Y	137 – 278	$141 = 3 \cdot 47$

Der größte gemeinsame Teiler der Zahlen 303, 39, 132, 168, 63 und 141 ist 3.
Somit beträgt die gesuchte Schlüsselwortlänge 3.
War doch nicht schwer, oder?

Stationenlernen Geheimschriften / TOP SECRET! – Best.-Nr. 11 752
KOHL VERLAG

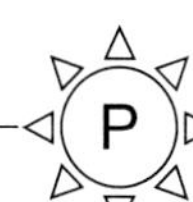

Station 31

Station 30  

Wir knacken die Vigenère-Verschlüsselung (1)

Aufgabe 1

Entschlüsselt den Geheimtext, indem ihr zunächst die Länge des Schlüssels nach der Kasiski-Methode ermittelt. Spaltet den Text dann entsprechend auf und ermittelt das Schlüsselwort.

W N P C E H E M N I | W E L Z Q T C C Z L | S Y U J V U P V Z M

B P B P I Q S B D K | S D B M I Q V M U Y | F F M X O U P T Z K

H U M O D H Q C Z L | Z E M D G V X Q X L | S T V D K S C U V W

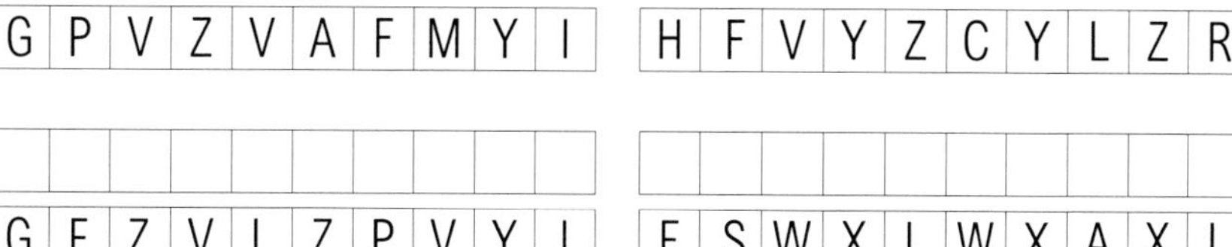

G P V Z V A F M Y I | H F V Y Z C Y L Z R | Y C I Z J H T O Z R

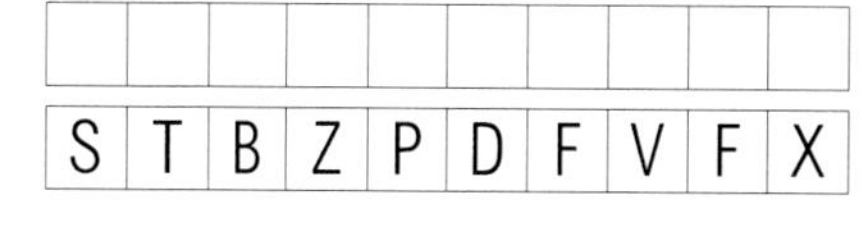

G E Z V L Z P V Y I | F S W X L W X A X L | S T B Z P D F V F X

G E M C I B O M I W | C Y V Z F S W I Z W | G E Q B X R P A C E

Z M J Z W Q S T J W | G T K C V O D B U Y | V L T O I B F V Y Q

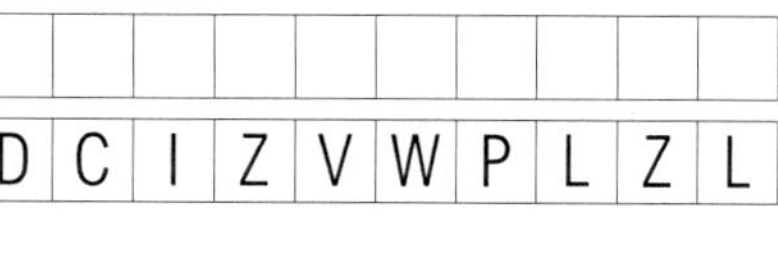
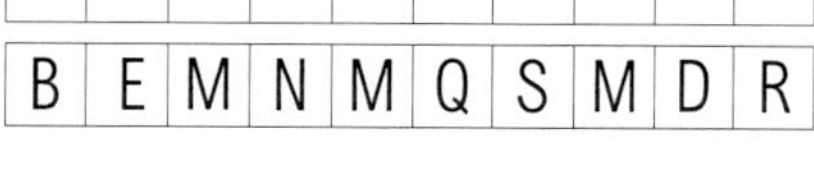

S T V H M H E I B W | A L P G D I X Q M D | I Y M C Q S Y L D I

D C I Z V W P L Z L | B E M N M Q S M D R | S M W Y I B H M G P

S Y I X L R P Z V R | R P Z Z R P T T Y I | B O Q I Y B P V Y P

W N P Z V K P Q O I | J Z Z H M F L C N

Station 31

Station 30 

Wir knacken die Vigenère-Verschlüsselung (1)

Aufgabe 1

W N P	1 – 301	300 = $2^2 \cdot 3 \cdot 5^2$
C Z L	18 – 68	50 = 2 • 5 • 5
F V Y	102 – 207	105 = 3 • 5 • 7
P V Y	127 – 297	170 = 2 • 5 • 17
S T V	81 – 211	130 = 2 • 5 • 13
R P Z	276 – 281	5
E M N	7 – 252	245 = 5 • 7 • 7

Schlüsselwortlänge 5

	A	B	C	D	E	F	G	H	I	J	K	L	M	N	O	P	Q	R	S	T	U	V	W	X	Y	Z	
Text 1	2	7	2	2	0	3	5	6	2	1	1	0	0	0	1	1	4	3	10	1	2	2	5	0	1	3	O-Cäsar
Text 2	0	0	4	2	8	5	0	1	0	0	0	3	2	2	2	11	1	0	4	6	1	1	1	3	6	1	L-Cäsar
Text 3	2	5	3	0	0	0	0	0	5	1	1	4	12	0	1	3	5	0	0	4	2	10	2	0	0	4	I-Cäsar
Text 4	0	2	5	5	0	1	2	2	2	2	0	0	2	3	3	1	0	0	0	0	2	3	0	5	7	17	V-Cäsar
Text 5	0	0	0	3	2	1	1	0	11	1	3	8	4	0	1	3	3	5	0	0	0	5	6	2	3	1	E-Cäsar

Schlüsselwort O L I V E

O	L	I	V	E	O	L	I	V	E
i	c	h	h	a	t	t	e	s	e
O	L	I	V	E	O	L	I	V	E
n	e	t	u	e	c	h	t	i	g
O	L	I	V	E	O	L	I	V	E
t	j	e	t	z	t	f	u	e	h
O	L	I	V	E	O	L	I	V	E
s	e	n	e	r	m	u	e	d	e
O	L	I	V	E	O	L	I	V	E
s	t	r	a	h	l	e	n	d	e
O	L	I	V	E	O	L	I	V	E
s	t	e	h	e	n	d	e	n	s
O	L	I	V	E	O	L	I	V	E
l	b	b	e	s	c	h	l	o	s
O	L	I	V	E	O	L	I	V	E
e	i	n	m	i	t	t	a	g	s
O	L	I	V	E	O	L	I	V	E
p	r	a	e	r	i	e	d	e	h
O	L	I	V	E	O	L	I	V	E
e	n	a	c	h	d	e	r	a	n
O	L	I	V	E	O	L	I	V	E
i	c	h	e	r	w	e	i	t	e

O	L	I	V	E	O	L	I	V	E
i	t	d	e	m	f	r	u	e	h
O	L	I	V	E	O	L	I	V	E
e	s	t	r	e	c	k	e	z	u
O	L	I	V	E	O	L	I	V	E
l	t	e	i	c	h	m	i	c	h
O	L	I	V	E	O	L	I	V	E
t	u	n	d	v	o	n	d	e	n
O	L	I	V	E	O	L	I	V	E
r	h	o	c	h	i	m	s	c	h
O	L	I	V	E	O	L	I	V	E
o	n	n	e	b	e	l	a	e	s
O	L	I	V	E	O	L	I	V	E
s	i	c	h	r	a	s	t	z	u
O	L	I	V	E	O	L	I	V	E
m	a	h	l	z	u	m	i	r	z
O	L	I	V	E	O	L	I	V	E
n	t	e	s	i	c	h	e	i	n
O	L	I	V	E	O	L	I	V	E
d	e	r	e	n	b	i	l	d	e
O	L	I	V	E	O	L	I	V	
v	o	r	m	i	r	a	u	s	

O	L	I	V	E	O	L	I	V	E
e	n	m	o	r	g	e	n	e	i
O	L	I	V	E	O	L	I	V	E
r	u	e	c	k	g	e	l	e	g
O	L	I	V	E	O	L	I	V	E
e	i	n	i	g	e	r	m	a	s
O	L	I	V	E	O	L	I	V	E
k	r	a	e	f	t	i	g	e	n
O	L	I	V	E	O	L	I	V	E
e	i	t	e	l	p	u	n	k	t
O	L	I	V	E	O	L	I	V	E
s	t	i	g	t	d	e	s	h	a
O	L	I	V	E	O	L	I	V	E
h	a	l	t	e	n	u	n	d	m
O	L	I	V	E	O	L	I	V	E
u	n	e	h	m	e	n	d	i	e
O	L	I	V	E	O	L	I	V	E
e	b	o	d	e	n	w	e	l	l
O	L	I	V	E	O	L	I	V	E
n	d	i	n	u	n	e	n	d	l

Ich hatte seit dem frühen Morgen eine tüchtige Strecke zurückgelegt. Jetzt fühlte ich mich einigermaßen ermüdet und von den kräftigen Strahlen der hoch im Scheitelpunkt stehenden Sonne belästigt. Deshalb beschloss ich, Rast zu halten und mein Mittagsmahl zu mir zu nehmen. Die Prärie dehnte sich, eine Bodenwelle nach der anderen bildend, in unendlicher Weite vor mir aus.

Aus: Karl May, Winnetou III

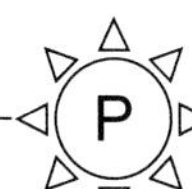

Station 32

Station 30  

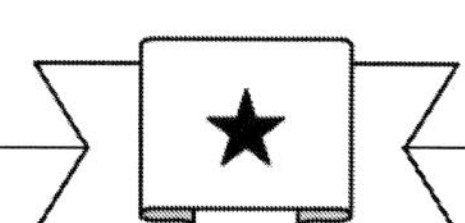

Wir knacken die Vigenère-Verschlüsselung (2)

Aufgabe 1

Entschlüsselt den Geheimtext, indem ihr zunächst die Länge des Schlüssels nach der Kasiski-Methode ermittelt. Spaltet den Text dann entsprechend auf und ermittelt das Schlüsselwort.

M	Z	F	R	X	O	H	W	Q	H

R	L	Z	P	R	V	O	V	Y	X

E	G	Q	D	E	G	Q	H	D	A

R	Q	E	Q	U	Z	M	G	Y	H

D	B	R	Q	Y	I	F	V	Z	W

P	K	F	O	Y	O	Q	W	A	G

M	G	N	E	O	P	E	L	Z	U

G	G	Q	B	Z	H	Z	G	P	K

Q	B	V	Q	P	W	R	K	A	S

U	Q	U	Q	U	W	M	Z	Y	H

U	B	N	P	E	Q	U	U	Q	W

O	H	Z	Z	R	V	Q	B	H	H

N	H	F	L	O	V	R	L	Z	J

R	U	Z	I	R	Q	R	H	V	J

I	S	F	H	Z	B	V	F	T	H

N	O	X	S	V	Q	U	B	E	H

O	V	A	X	Z	U	F	V	M	Q

U	H	Z	G	B	O	X	R	R	U

Y	S	A	V	O	V	F	L	O	V

Z	X	Q	V	R	P	M	Q	U	H

Z	G	B	Q	P	S	E	Q	M	I

P	K	P	S	E	Z	Q	W	F	K

Q	W	G	O	Q	V	E	H	Z	A

H	V	E	A	N	Q	Y	W	G	Y

Q	F	T	Q	G	S	T	H	Z	V

B	H	D	S	A	G	M	G	F	G

U	S	F	P	U	H	I	H	D	G

G	D	Z	R	T	H	E	Q	U	D

T	K	N	U	T	S	E	U	X	S

U	U	Q	F	Y	D	Q	A	C	H

X	R	N	P	M	L	H	Q	P	A

B	U	U	H	M	G	U	S	F	H

N	S	V	G	Q	B	Z	R	O	V

G	H	Z	W	U	Q	P	O	E	X

Y	B	V	F	T	H	Y	H	U	R

R	Q

Stationenlernen Geheimschriften / TOP SECRET! – Best.-Nr. 11 752

Station 32

Station 30  

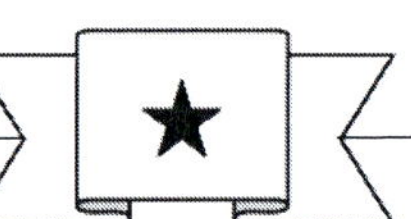

Wir knacken die Vigenère-Verschlüsselung (2)

Aufgabe 1

F L O V	123 – 187	$64 = 2^6$	B V F T H	146 – 342	$196 = 2^2 \cdot 7^2$
V O V	16 – 184	$168 = 2^3 \cdot 3 \cdot 7$	P S E	205 – 213	$8 = 2^3$
R L Z	11 – 127	$116 = 2^2 \cdot 29$	Schlüsselwortlänge 4		

	A	B	C	D	E	F	G	H	I	J	K	L	M	N	O	P	Q	R	S	T	U	V	W	X	Y	Z	
Text 1	1	1	0	4	6	1	1	0	1	0	0	0	9	2	7	5	14	1	0	4	8	0	0	5	4	15	V oder M-Cäsar
Text 2	5	9	0	0	0	2	9	7	3	1	1	1	0	0	3	2	6	4	13	0	2	9	8	0	0	3	O-Cäsar
Text 3	4	4	1	0	7	10	5	4	1	0	0	0	1	6	1	3	2	12	0	3	9	6	0	0	6	3	N-Cäsar
Text 4	0	0	0	4	1	2	6	19	0	1	5	5	0	0	4	4	13	2	0	0	7	6	2	4	1	2	D-Cäsar

Nur Schlüsselwort M O N D entschlüsselt den Text sinnvoll.

M O N D M O N D M O | N D M O N D M O N D | M O N D M O N D M O
a l s o l a u t e t | e i n b e s c h l u | s s d a s s d e r m

N D M O N D M O N D | M O N D M O N D M O | N D M O N D M O N D
e n s c h w a s l e | r n e n m u s s n i | c h t a l l e i n d

M O N D M O N D M O | N D M O N D M O N D | M O N D M O N D M O
a s a b c b r i n g | t d e n m e n s c h | e n i n d i e h o e

N D M O N D M O N D | M O N D M O N D M O | N D M O N D M O N D
h n i c h t a l l e | i n a m s c h r e i | b e n l e s e n u e

M O N D M O N D M O | N D M O N D M O N D | M O N D M O N D M O
b t s i c h e i n v | e r n u e n f t i g | w e s e n n i c h t

N D M O N D M O N D | M O N D M O N D M O | N D M O N D M O N D
a l l e i n i n r e | c h n u n g s s a c | h e n s o l l d e r

M O N D M O N D M O | N D M O N D M O N D | M O N D M O N D M O
m e n s c h s i c h | m u e h e m a c h e | n s o n d e r n a u

N D M O N D M O N D | M O N D M O N D M O
c h d e r w e i s h | e i t l e h r e n m

N D M O N D M O N D | M O N D M O N D M O
u s s m a n m i t v | e r g n u e g e n h

N D M O N D M O N D | M O N D M O N D M O
o e r e n d a s s d | i e s m i t v e r s

N D M O N D M O N D | M O N D M O N D M O
t a n d g e s c h a | h w a r h e r r l e

N D M O N D M O N D | M O N D M O N D M O
h r e r l a e m p e | l d a m a x u n d m

N D M O N D M O N D | M O N D M O N D M O
o r i t z d i e s e | b e i d e n m o c h

N D M O N D M O N D | M O N D M O N D M O | N D
t e n i h n d a r u | m n i c h t l e i d | e n

Also lautet ein Beschluss:
Dass der Mensch was lernen muss. –
Nicht allein das ABC
Bringt den Menschen in die Höh;
Nicht allein am Schreiben, Lesen,
Übt sich ein vernünftig Wesen:
Nicht allein in Rechnungssachen
Soll der Mensch sich Mühe machen;
Sondern auch der Weisheit Lehren
Muss man mit Vergnügen hören.
Dass dies mit Verstand geschah,
War Herr Lehrer Lämpel da. –
Max und Moritz, diese beiden,
Mochten ihn darum nicht leiden.

Aus: Wilhem Busch, Max und Moritz